应用型本科 电子及通信工程专业"十三五"规划教材

电子设计与制造实训教程

主 编 顾 江

副主编 鲁 宏 夏金威

西安电子科技大学出版社

内 容 简 介

本书以电子设计与制造实训为核心,共包含 5 章,分别为电路仿真技术、电子线路 CAD 技术、PCB 制板技术、电子设备装接技术、SMT 及其应用,所涉及的实训项目包含了电子信息类本科学生所要实践的大部分基础实训项目。本书详细地阐述了电子仿真软件 Multisim 的功能和使用方法及 Protel DXP 软件的功能和使用方法。另外,本书还介绍了印制电路板的制造过程和相关工艺,电子设备的装接方法及相关工艺,以及在装接过程中所需要的仪器。SMT 工艺要求和相关元器件的组装设备书中也有专门的篇幅介绍。

本书适用于电子信息大类的学生,可满足电子信息大类学生日常教学和实践教学。

图书在版编目(CIP)数据

电子设计与制造实训教程/顾江主编. —西安:西安电子科技大学出版社,2016.9
应用型本科电子及通信工程专业"十三五"规划教材
ISBN 978-7-5606-4182-9

Ⅰ. ① 电… Ⅱ. ① 顾… Ⅲ. ①电子电路—电路设计—高等学校—教材 ②电子产品—生产工艺—高等学校—教材 Ⅳ. ①TN702 ②TN05

中国版本图书馆 CIP 数据核字(2016)第 211938 号

策 划 高樱
责任编辑 杨璠
出版发行 西安电子科技大学出版社(西安市太白南路 2 号)
电 话 (029) 88242885 88201467 邮 编 710071
网 址 //www.xduph.com 电子邮箱 xdupfxb001@163.com
经 销 新华书店
印刷单位 陕西利达印务有限责任公司
版 次 2016 年 9 月第 1 版 2016 年 9 月第 1 次印刷
开 本 787 毫米×1092 毫米 1/16 印 张 13.5
字 数 313 千字
印 数 3000 册
定 价 28.00 元

ISBN 978-7-5606-4182-9/TN
XDUP 4474001-1
如有印装问题可调换

应用型本科 电子及通信工程专业规划教材

编审专家委员名单

主　任：沈卫康（南京工程学院 通信工程学院 院长/教授）

副主任：张士兵（南通大学 电子信息学院 副院长/教授）

　　　　陈　岚（上海应用技术学院 电气与电子工程学院 副院长/教授）

　　　　宋依青（常州工学院 计算机科学与工程学院 副院长/教授）

　　　　张明新（常熟理工学院 计算机科学与工程学院 副院长/教授）

成　员：（按姓氏拼音排列）

　　　　鲍　蓉（徐州工程学院 信电工程学院 副院长/教授）

　　　　陈美君（金陵科技学院 网络与通信工程学院 副院长/副教授）

　　　　高　尚（江苏科技大学 计算机科学与工程学院 副院长/教授）

　　　　李文举（上海应用技术学院 计算机科学学院 副院长/教授）

　　　　梁　军（三江学院 电子信息工程学院 副院长/副教授）

　　　　潘启勇（常熟理工学院 物理与电子工程学院 副院长/副教授）

　　　　任建平（苏州科技学院 电子与信息工程学院 副院长/教授）

　　　　孙霓刚（常州大学 信息科学与工程学院 副院长/副教授）

　　　　谭　敏（合肥学院 电子信息与电气工程系 系主任/教授）

　　　　王杰华（南通大学 计算机科学与技术学院 副院长/副教授）

　　　　王章权（浙江树人大学 信息科技学院 副院长/副教授）

　　　　温宏愿（南京理工大学泰州科技学院 电子电气工程学院 副院长）

　　　　严云洋（淮阴工学院 计算机工程学院 院长/教授）

　　　　杨会成（安徽工程大学 电气工程学院 副院长/教授）

　　　　杨俊杰（上海电力学院 电子与信息工程学院 副院长/教授）

　　　　郁汉琪（南京工程学院 创新学院 院长/教授）

　　　　于继明（金陵科技学院 智能科学与控制工程学院 副院长/副教授）

前　言

随着电子行业的不断发展，高校为了达到产教融合的目的，都在大力发展新兴的电类实训中心，大批先进的生产制造设备进入实验室，先进、完整、高端、创新往往成为这些实训中心的代名词。但这些发展大都局限在用专业实训室来培养专业人才的范围。随着电子技术应用领域的发展，各行业不仅需要熟练掌握专业知识的专业人才，还需要掌握一定电类知识的复合型人才。例如，汽车服务工程专业的学生还需要掌握汽车电子系统的试验与检测技术。目前的人才培养方式已经渐渐不适应整个行业的发展，对下游应用产业的大发展造成了不利的影响，也会造成学生就业、企业招聘人才时的尖锐矛盾。让各专业学生掌握一定的电类知识和职业技能，为其将来走上工作岗位打下坚实的基础，这是复合型专业人才培养的大势所趋。

本书以面向工程的人才培养标准为指引，以行业技能与工程技术为主线，以专业教学融合职业教学为途径，构筑以工程能力和创新能力为核心的教学体系，着力提高学生的工程素养，培养学生的工程实践能力；围绕"面向多专业"这一核心，强化学生实践教学的规范性和标准化，让学生能够在学校得到近似实战的训练，让企业能够获得更高素质的员工，解决学校人才培养与企业需求脱节的问题。

本书重点介绍 PCB 制造的特点、基本工艺过程、常用工具、耗材及设备的检测和使用技巧，使学生了解 PCB 制作工艺的全过程。

本书共五章，内容包括电路仿真技术、电子线路 CAD 技术、PCB 制版技术、电子设备装接技术以及 SMT 及其应用。电路仿真技术主要介绍了电路设计仿真软件的使用方法和操作技巧；电子电路 CAD 技术主要介绍了在设计电路板时用到的制图软件的使用方法和操作技巧；PCB 制版技术主要介绍了工业实际应用中相关设备的参数和使用方法；电子设备装接技术主要介绍了电子设备装接时涉及的相关工艺要求和主要装配方法；SMT 及其应用主要介绍了 SMT 的应用优势和标准化 SMT 工艺生产线的主要设备构成。

本书由常熟理工学院顾江担任主编，鲁宏、夏金威担任副主编。其中，顾江编写了第 1、2 章，鲁宏编写了第 5 章，夏金威编写了第 3、4 章。全书由顾江负责组织、统稿工作。

限于编者水平，书中不足之处在所难免，恳请各位老师和读者不吝指正。

编者

2016 年 8 月

目　　录

第1章　电路仿真技术

1.1　Multisim 软件简介

　　Multisim 是 Interactive Image Technologies 公司推出的一个专门用于电子线路仿真和设计的软件，目前在电路分析、仿真与设计应用中比较流行。Multisim 软件以图形界面为主，采用菜单、工具栏和快捷键相结合的方式，具有一般 Windows 应用软件的界面风格，用户可以根据自己的习惯自如使用。

　　Multisim 软件是一个完整的设计工具系统，提供了非常丰富的元件数据库，并提供原理图输入接口、全部的数模 SNCE 仿真功能、VHDL/Verilgo 参与的电路设计功能，也可实现 FPGA/CPLD 综合实验项目的设计。它具有电路设计功能和后处理功能，还可进行从原理图到 PCB 布线的无缝隙数据传输。

　　Multisim 软件最突出的特点之一是用户界面友好，尤其是可放置到设计电路中的多种小虚拟仪表很有特色，这些虚拟仪表主要包括示波器、万用表、功率表、信号发生器、波特图图示仪、失真度分析仪、频谱分析仪、逻辑分析仪和网络分析仪等，使电路的仿真分析操作更符合电子工程技术人员的工作习惯。

1.2　Multisim 软件界面

　　Multisim 软件界面简介如下。

　　(1) 启动操作，启动 NI Multisim 10 以后，出现如图 1.2.1 所示的界面。

图 1.2.1　Multisim 软件启动界面

　　(2) NI Multisim 10 打开后的主界面如图 1.2.2 所示，该界面主要由菜单栏、工具栏、缩放栏、设计栏、仿真栏、工程栏、元件栏、仪器栏、电路绘制窗口等部分组成。

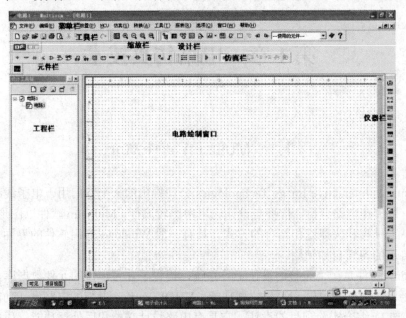

图 1.2.2　Multisim 软件主界面

(3) 选择"文件"→"新建"→"原理图",弹出如图 1.2.3 所示的设计界面。

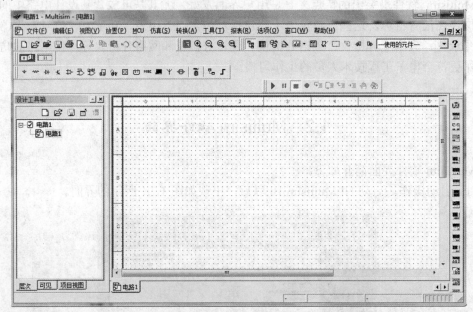

图 1.2.3　Multisim 软件设计界面

1.3　Multisim 软件常用元件库分类

Multisim 软件常用元件库分类如图 1.3.1 所示。

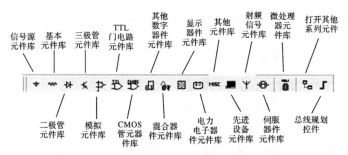

图 1.3.1 Multisim 软件元件库分类

(1) 单击"信号源元件库(Sources)"按钮,弹出的对话框中"系列(Family)"栏如图 1.3.2 所示。

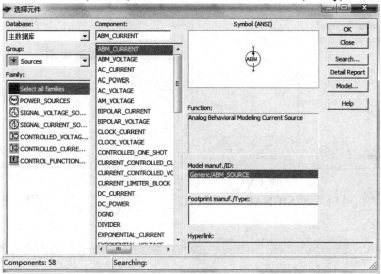

图 1.3.2 信号源元件库

① 选中"电源(POWER_SOURCES)",其"元件(Component)"栏下内容如图 1.3.3 所示。

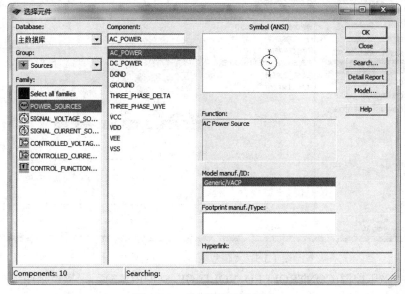

图 1.3.3 "电源"的元件栏

② 选中"信号电压源(SIGNAL_VOLTAGE_SOURCES)",其"元件"栏下内容如图 1.3.4 所示。

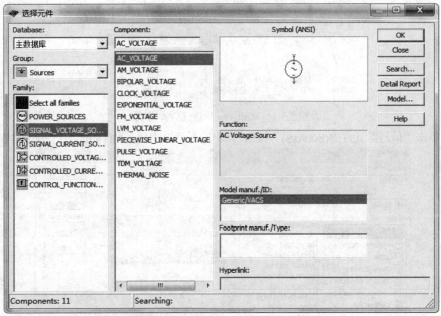

图 1.3.4 "信号电压源"的元件栏

③ 选中"信号电流源(SIGNAL_CURRENT_SOURCES)",其"元件"栏下内容如图 1.3.5 所示。

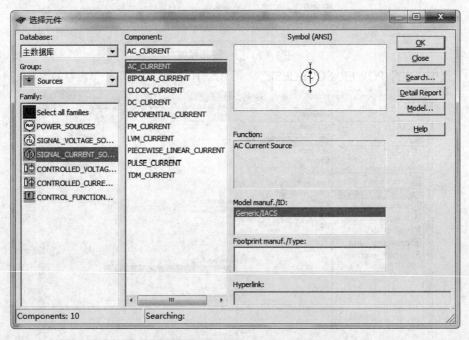

图 1.3.5 "信号电流源"的元件栏

④ 选中"压控源(CONTROLLED_VOLTAGE_SOURCES)",其"元件"栏下内容如图 1.3.6 所示。

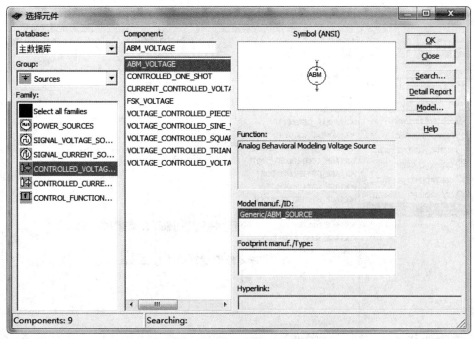

图 1.3.6　"电压控源"的元件栏

　　⑤ 选中"流控源(CONTROLLED_CURRENT_SOURCES)"，其"元件"栏下内容如图 1.3.7 所示。

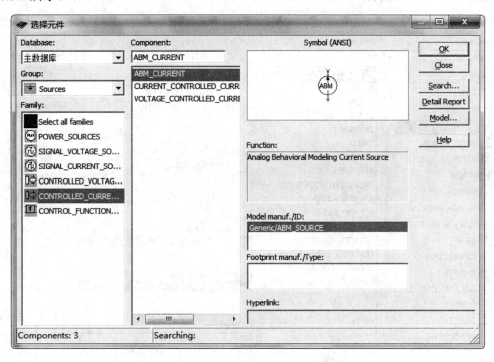

图 1.3.7　"电流控源"的元件栏

　　⑥ 选中"控制函数块(CONTROL_FUNCTION_BLOCKS)"，其"元件"栏下内容如图 1.3.8 所示。

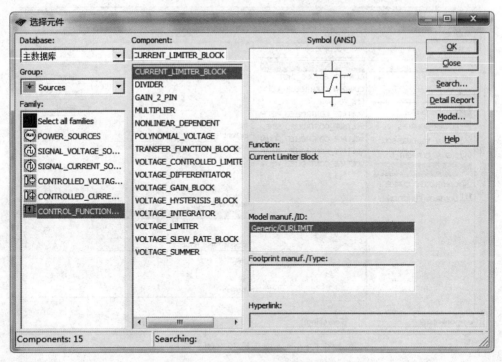

图 1.3.8　"控制函数块"的元件栏

(2) 单击"基本元件库(Basic)"按钮，弹出的对话框中"系列"栏如图 1.3.9 所示。

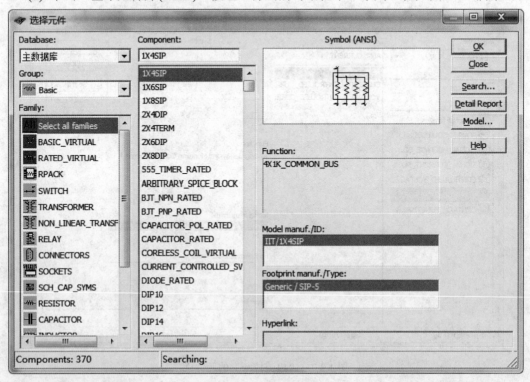

图 1.3.9　基本元件库

① 选中"基本虚拟元件库(BASIC_VIRTUAL)"，其"元件"栏如图 1.3.10 所示。

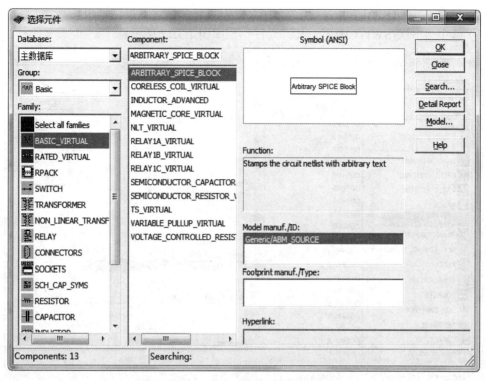

图 1.3.10　"基本虚拟元件库"的元件栏

② 选中"额定虚拟元件(RATED_VIRTUAL)"，其"元件"栏如图 1.3.11 所示。

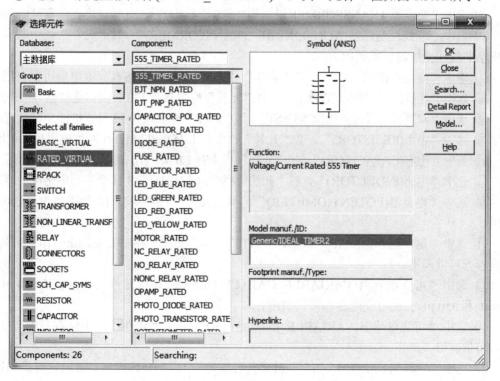

图 1.3.11　"额定虚拟元件"的元件栏

③ 选中"排阻(RPACK)"，其"元件"栏中共有 7 种排阻可供调用。

④ 选中"开关(SWITCH)"，其"元件"栏如图 1.3.12 所示。

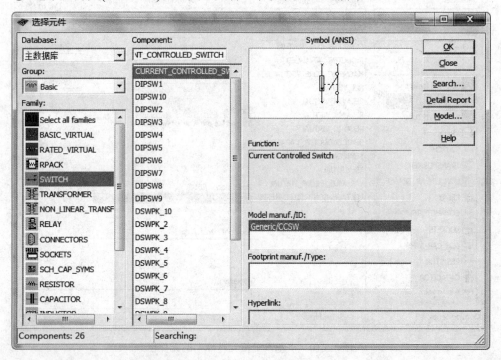

图 1.3.12   "开关"的元件栏

⑤ 选中"变压器(TRANSFORMER)"，其"元件"栏中共有 20 种规格变压器可供调用。

⑥ 选中"非线性变压器(NON_LINEAR_TRANSFORMER)"，其"元件"栏中共有 10 种规格非线性变压器可供调用。

⑦ 选中"继电器(RELAY)"，其"元件"栏中共有 96 种规格直流继电器可供调用。

⑧ 选中"连接器(CONNECTORS)"，其"元件"栏中共有 130 种规格连接器可供调用。

⑨ 选中"双列直插式插座(SOCKETS)"，其"元件"栏中共有 12 种规格插座可供调用。

⑩ 选中"电阻(RESISTOR)"，其"元件"栏中有 $1.0\,\Omega\sim22\,M\Omega$ 全系列电阻可供调用。

⑪ 选中"电容(CAPACITOR)"，其"元件"栏中有 $1.0\,pF\sim10\,\mu F$ 系列电容可供调用。

⑫ 选中"电感(INDUCTOR)"，其"元件"栏中有 $1.0\,\mu H\sim9.1\,H$ 全系列电感可供调用。

⑬ 选中"电位器(POTENTIOMETER)"，其"元件"栏中共有 18 种阻值电位器可供调用。

⑭ 选中"电解电容器(CAP_ELECTROLIT)"，其"元件"栏中有 $0.1\,\mu F\sim10\,F$ 系列电解电容器可供调用。

⑮ 选中"可变电容器(VARIABLE_CAPACITOR)"，其"元件"栏中仅有 30 pF、100 pF 和 350 pF 三种可变电容器可供调用。

⑯ 选中"可变电感器(VARIABLE_INDUCTOR)"，其"元件"栏中仅有三种可变电感器可供调用。

⑰ 选中"负载阻抗(Z_LOAD)"，其"元件"栏中共有 10 种规格负载阻抗可供调用。

(3) 单击"二极管元件库(Diodes)"按钮，弹出的对话框中"系列"栏如图 1.3.13 所示。

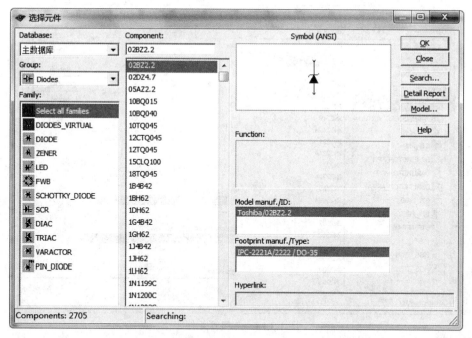

图 1.3.13　二极管元件库

① 选中"虚拟二极管元件(DIODES_VIRTUAL)"，其"元件"栏中仅有两种规格虚拟二极管元件可供调用，一种是普通虚拟二极管，另一种是齐纳击穿虚拟二极管。

② 选中"普通二极管(DIODE)"，其"元件"栏中包括了国外许多公司提供的 807 种规格二极管可供调用。

③ 选中"齐纳击穿二极管(即稳压管)(ZENER)"，其"元件"栏中包括了国外许多公司提供的 1266 种规格稳压管可供调用。

④ 选中"发光二极管(LED)"，其"元件"栏中有 8 种颜色的发光二极管可供调用。

⑤ 选中"全波桥式整流器(FWB)"，其"元件"栏中有 58 种规格全波桥式整流器可供调用。

⑥ 选中"肖特基二极管(SCHOTTKY_DIODE)"，其"元件"栏中有 39 种规格肖特基二极管可供调用。

⑦ 选中"单向晶体闸流管(SCR)"，其"元件"栏中共有 276 种规格单向晶体闸流管可供调用。

⑧ 选中"双向开关二极管(DIAC)"，其"元件"栏中共有 11 种规格双向开关二极管(相当于两只肖特基二极管并联)可供调用。

⑨ 选中"双向晶体闸流管(TRIAC)"，其"元件"栏中共有 101 种规格双向晶体闸流管可供调用。

⑩ 选中"变容二极管(VARACTOR)"，其"元件"栏中共有 99 种规格变容二极管可供调用。

⑪ 选中"PIN 结二极管(PIN_DIODE)(Positive Intrinsic Negetive 结二极管)"，其"元件"栏中共有 19 种规格 PIN 结二极管可供调用。

(4) 单击"三极管元件库(Transistors)"按钮，弹出的对话框中"系列"栏如图 1.3.14 所示。

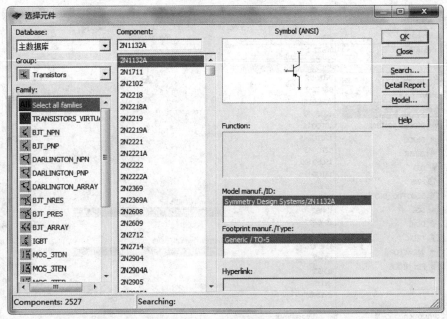

图 1.3.14　三极管元件库

① 选中"虚拟晶体管(TRANSISTORS_VIRTUAL)"，其"元件"栏中共有 16 种规格虚拟晶体管可供调用，其中包括 NPN 型、PNP 型晶体管，JFET 和 MOSFET 等。

② 选中"双极型 NPN 型晶体管(BJT_NPN)"，其"元件"栏中共有 658 种规格晶体管可供调用。

③ 选中"双极型 PNP 型晶体管(BJT_PNP)"，其"元件"栏中共有 409 种规格晶体管可供调用。

④ 选中"达林顿 NPN 型晶体管(DARLINGTON_NPN)"，其"元件"栏中有 46 种规格 NPN 型达林顿管可供调用。

⑤ 选中"达林顿 PNP 型晶体管(DARLINGTON_PNP)"，其"元件"栏中有 13 种规格 PNP 型达林顿管可供调用。

⑥ 选中"集成达林顿管阵列(DARLINGTON_ARRAY)"，其"元件"栏中有 8 种规格集成达林顿管可供调用。

⑦ 选中"带阻 NPN 型晶体管(BJT_NRES)"，其"元件"栏中有 71 种规格带阻 NPN 型晶体管可供调用。

⑧ 选中"带阻 PNP 型晶体管(BJT_PRES)"，其"元件"栏中有 29 种规格带阻 PNP 型晶体管可供调用。

⑨ 选中"晶体管阵列(BJT_ARRAY)"，其"元件"栏中有 10 种规格晶体管阵列可供调用。

⑩ 选中"绝缘栅双极型三极管(IGBT)"，其"元件"栏中有 98 种规格绝缘栅双极型三极管可供调用。

⑪ 选中"N 沟道耗尽型 MOS 管(MOS_3TDN)"，其"元件"栏中有 9 种规格 MOSFET 可供调用。

⑫ 选中"N 沟道增强型 MOS 管(MOS_3TEN)"，其"元件"栏中有 545 种规格 MOSFET

可供调用。

⑬ 选中"P 沟道增强型 MOS 管(MOS_3TEP)"，其"元件"栏中有 157 种规格 MOSFET 可供调用。

⑭ 选中"N 沟道耗尽型结型场效应管(JFET_N)"，其"元件"栏中有 263 种规格 JFET 可供调用。

⑮ 选中"P 沟道耗尽型结型场效应管(JFET_P)"，其"元件"栏中有 26 种规格 JFET 可供调用。

⑯ 选中"N 沟道 MOS 功率管(POWER_MOS_N)"，其"元件"栏中有 116 种规格 N 沟道 MOS 功率管可供调用。

⑰ 选中"P 沟道 MOS 功率管(POWER_MOS_P)"，其"元件"栏中有 38 种规格 P 沟道 MOS 功率管可供调用。

⑱ 选中"UJT 管(UJT)"，其"元件"栏中仅有两种规格 UJT 可供调用。

⑲ 选中"带有热模型的 NMOSFET(THERMAL_MODELS)"，其"元件"栏中仅有 1 种规格 NMOSFET 可供调用。

(5) 单击"模拟元件库(Analog)"按钮，弹出的对话框中"系列"栏如图 1.3.15 所示。

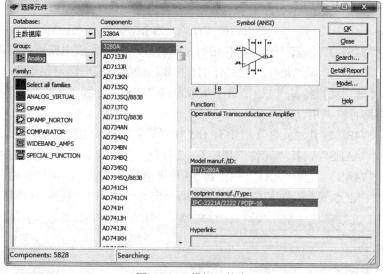

图 1.3.15　模拟元件库

① 选中"模拟虚拟元件(ANALOG_VIRTUAL)"，其"元件"栏中仅有虚拟比较器、三端虚拟运放和五端虚拟运放 3 种规格可供调用。

② 选中"运算放大器(OPAMP)"，其"元件"栏中包括了国外许多公司提供的多达 4243 种规格运放可供调用。

③ 选中"诺顿运算放大器(OPAMP_NORTON)"，其"元件"栏中有 16 种规格诺顿运放可供调用。

④ 选中"比较器(COMPARATOR)"，其"元件"栏中有 341 种规格比较器可供调用。

⑤ 选中"宽带运放(WIDEBAND_AMPS)"，其"元件"栏中有 144 种规格宽带运放可供调用，宽带运放典型值为 100 MHz，主要用于视频放大电路。

⑥ 选中"特殊功能运放(SPECIAL_FUNCTION)"，其"元件"栏中有 165 种规格特

殊功能运放可供调用，主要包括测试运放、视频运放、乘法器/除法器、前置放大器和有源滤波器等。

(6) 单击"TTL 门电路元件库(TTL)"按钮，弹出的对话框中"系列"栏如图 1.3.16 所示。

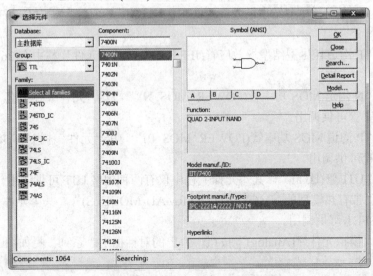

图 1.3.16　TTL 门电路元件库

① 选中"74STD"，其"元件"栏中有 126 种规格数字集成电路可供调用。

② 选中"74S"，其"元件"栏中有 111 种规格数字集成电路可供调用。

③ 选中"低功耗肖特基 TTL 型数字集成电路(74LS)"，其"元件"栏中有 281 种规格数字集成电路可供调用。

④ 选中"74F"，其"元件"栏中有 185 种规格数字集成电路可供调用。

⑤ 选中"74ALS"，其"元件"栏中有 92 种规格数字集成电路可供调用。

⑥ 选中"74AS"，其"元件"栏中有 50 种规格数字集成电路可供调用。

(7) 单击"CMOS 管元器件库(CMOS)"按钮，弹出的对话框中"系列"栏如图 1.3.17 所示。

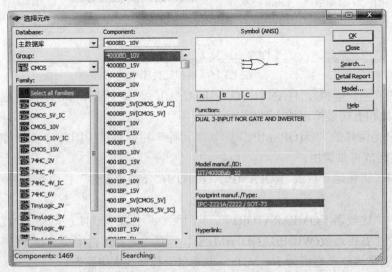

图 1.3.17　CMOS 管元器件库

① 选中"CMOS_5V"，其"元件"栏中有 265 种数字集成电路可供调用。

② 选中"CMOS_10V"，其"元件"栏中有 265 种数字集成电路可供调用。

③ 选中"CMOS_15V"，其"元件"栏中有 172 种数字集成电路可供调用。

④ 选中"74HC_2V"，其"元件"栏中有 176 种数字集成电路可供调用。

⑤ 选中"74HC_4V"，其"元件"栏中有 126 种数字集成电路可供调用。

⑥ 选中"74HC_6V"，其"元件"栏中有 176 种数字集成电路可供调用。

⑦ 选中"TinyLogic_2V"，其"元件"栏中有 18 种数字集成电路可供调用。

⑧ 选中"TinyLogic_3V"，其"元件"栏中有 18 种数字集成电路可供调用。

⑨ 选中"TinyLogic_4V"，其"元件"栏中有 18 种数字集成电路可供调用。

⑩ 选中"TinyLogic_5V"，其"元件"栏中有 24 种数字集成电路可供调用。

⑪ 选中"TinyLogic_6V"，其"元件"栏中有 7 种数字集成电路可供调用。

(8) 单击"其他数字器件元件库(Misc Digital)"按钮，弹出的对话框中"系列"栏如图 1.3.18 所示。

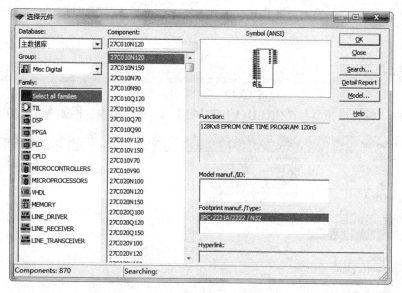

图 1.3.18　"其他数字器件元件库"的对话框

① 选中"TIL 系列器件(TIL)"，其"元件"栏中有 103 个品种可供调用。

② 选中"数字信号处理器件(DSP)"，其"元件"栏中有 117 个品种可供调用。

③ 选中"现场可编程器件(FPGA)"，其"元件"栏中有 83 个品种可供调用。

④ 选中"可编程逻辑电路(PLD)"，其"元件"栏中有 30 个品种可供调用。

⑤ 选中"复杂可编程逻辑电路(CPLD)"，其"元件"栏中有 20 个品种可供调用。

⑥ 选中"微处理控制器(MICROCONTROLLERS)"，其"元件"栏中有70个品种可供调用。

⑦ 选中"微处理器(MICROPROCESSORS)"，其"元件"栏中有 60 个品种可供调用。

⑧ 选中"用 VHDL 语言编程器件(VHDL)"，其"元件"栏中有 119 个品种可供调用。

⑨ 选中"存储器(MEMORY)"，其"元件"栏中有 87 个品种可供调用。

⑩ 选中"线路驱动器件(LINE_DRIVER)"，其"元件"栏中有 16 个品种可供调用。

⑪ 选中"线路接收器件(LINE_RECEIVER)"，其"元件"栏中有20个品种可供调用。

⑫ 选中"无线电收发器件(LINE_TRANSCEIVER)"，其"元件"栏中有 150 个品种可供调用。

(9) 单击"混合器件元件库(Mixed)"按钮，弹出的对话框中"系列"栏如图 1.3.19 所示。

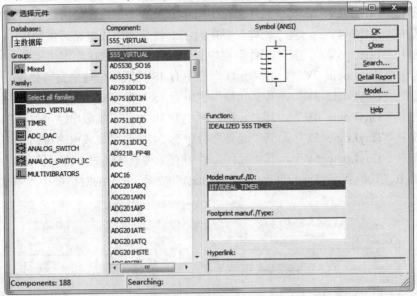

图 1.3.19　混合器件元件库

① 选中"混合虚拟器件(MIXED_VIRTUAL)"，其"元件"栏如图 1.3.20 所示。

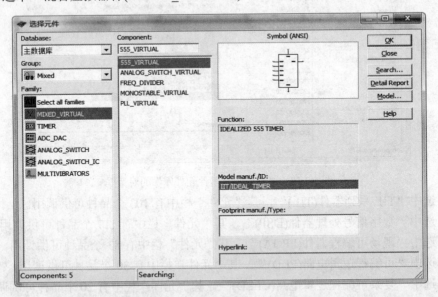

图 1.3.20　"混合虚拟器件"的元件栏

② 选中"555 定时器(TIMER)"，其"元件"栏中有 8 种 555 定时器可供调用。

③ 选中"A/D、D/A 转换器(ADC_DAC)"，其"元件"栏中有 39 种转换器可供调用。

④ 选中"模拟开关(ANALOG_SWITCH)"，其"元件"栏中有 127 种模拟开关可供调用。

⑤ 选中"多频振荡器(MULTIVIBRATORS)"，其"元件"栏中有 8 种振荡器可供调用。

(10) 单击"显示器件元件库(Indicators)"按钮,弹出的对话框中"系列"栏如图1.3.21所示。

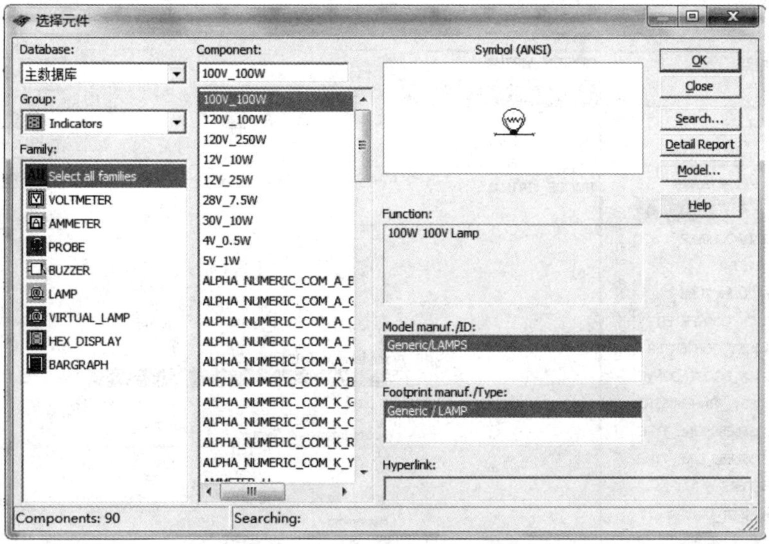

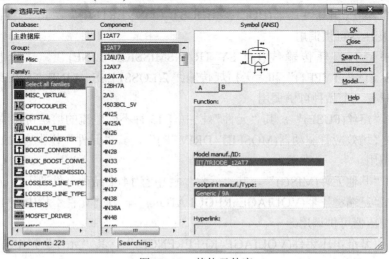

图 1.3.21　显示器件元件库

① 选中"电压表(VOLTMETER)",其"元件"栏中有4种不同形式的电压表可供调用。

② 选中"电流表(AMMETER)",其"元件"栏中也有4种不同形式的电流表可供调用。

③ 选中"探测器(PROBE)",其"元件"栏中有5种颜色的探测器可供调用。

④ 选中"蜂鸣器(BUZZER)",其"元件"栏中仅有2种蜂鸣器可供调用。

⑤ 选中"灯泡(LAMP)",其"元件"栏中有9种不同功率的灯泡可供调用。

⑥ 选中"虚拟灯泡(VIRTUAL_LAMP)",其"元件"栏中只有1种虚拟灯泡可供调用。

⑦ 选中"十六进制显示器(HEX_DISPLAY)",其"元件"栏中有33种十六进制显示器可供调用。

⑧ 选中"条形光柱(BARGRAPH)",其"元件"栏中仅有3种条形光柱可供调用。

(11) 单击"其他元件库(Misc)"按钮,弹出的对话框中"系列"栏如图1.3.22所示。

图 1.3.22　其他元件库

① 选中"其他虚拟元件(MISC_VIRTUAL)",其"元件"栏内容如图1.3.23所示。

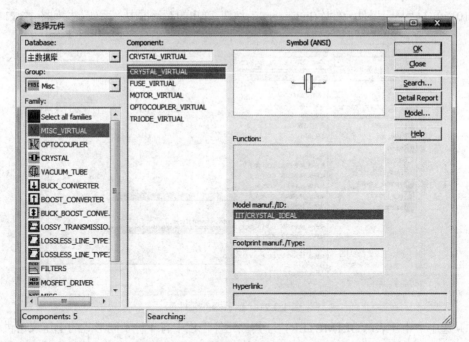

图 1.3.23　"其他虚拟元件"的元件栏

② 选中"光电三极管型光耦合器(OPTOCOUPLER)"，其"元件"栏中有 82 种光耦合器可供调用。

③ 选中"晶振(CRYSTAL)"，其"元件"栏中有 18 种不同频率的晶振可供调用。

④ 选中"真空电子管(VACUUM_TUBE)"，其"元件"栏中有 22 种电子管可供调用。

⑤ 选中"降压变压器(BUCK_CONVERTER)"，其"元件"栏中只有 1 种降压变压器可供调用。

⑥ 选中"升压变压器(BOOST_CONVERTER)"，其"元件"栏中也只有 1 种升压变压器可供调用。

⑦ 选中"降压/升压变压器(BUCK_ BOOST_CONVERTER)"，其"元件"栏中有 2 种降压/升压变压器可供调用。

⑧ 选中"有损耗传输线(LOSSY_TRANSMISSION_LINE)"、"无损耗传输线 1(LOSSLESS_LINE_TYPE1)"和"无损耗传输线 2(LOSSLESS _LINE_TYPE2)"，其"元件"栏中都只有 1 个品种可供调用。

⑨ 选中"熔丝(FUSE)"，其"元件"栏中有 13 种不同电流的熔丝可供调用。

⑩ 选中"场效应管驱动器(MOSFET_DRIVER)"，其"元件"栏中有 29 种场效应管驱动器可供调用。

⑪ 选中"其他元件(MISC)"，其"元件"栏中有 14 个品种可供调用。

⑫ 选中"三端稳压器(VOLTAGE_REGULATOR)"，其"元件"栏中有 158 种不同稳压值的三端稳压器可供调用。

⑬ 选中"基准电压组件(VOLTAGE_REFERENCE)"，其"元件"栏中有 106 种基准电压组件可供调用。

⑭ 选中"电压干扰抑制器(VOLTAGE_SUPPRESSOR)"，其"元件"栏中有 118 种电

压干扰抑制器可供调用。

⑮ 选中"滤波器(FILTERS)"，其"元件"栏中有 34 种滤波器可供调用。

⑯ 选中"电源功率控制器(POWER_SUPPLY_CONTROLLER)"，其"元件"栏中有 3 种电源功率控制器可供调用。

⑰ 选中"混合电源功率控制器(MISCPOWER)"，其"元件"栏中有 32 种混合电源功率控制器可供调用。

⑱ 选中"网络(NET)"，其"元件"栏中有 11 个品种可供调用。

⑲ 选中"传感器(TRANSDUCERS)"，其"元件"栏中有 70 种传感器可供调用。

(12) 单击"射频信号元件库(RF)"按钮，弹出的对话框中"系列"栏如图 1.3.24 所示。

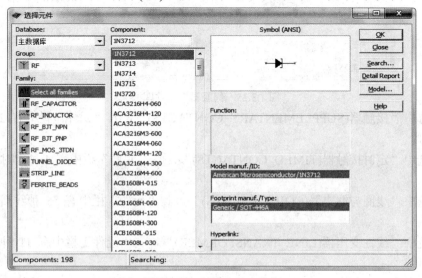

图 1.3.24　射频信号元件库

① 选中"射频电容器(RF_CAPACITOR)"或"射频电感器(RF_INDUCTOR)"，其"元件"栏中都只有 1 个品种可供调用。

② 选中"射频双极结型 NPN 管(RF_BJT_NPN)"，其"元件"栏中有 84 种 NPN 管可供调用。

③ 选中"射频双极结型 PNP 管(RF_BJT_PNP)"，其"元件"栏中有 7 种 PNP 管可供调用。

④ 选中"射频 N 沟道耗尽型 MOS 管(RF_MOS_3TDN)"，其"元件"栏中有 30 种射频 MOSFET 可供调用。

⑤ 选中"射频隧道二极管(TUNNEL_DIODE)"，其"元件"栏中有 10 种射频隧道二极管可供调用。

⑥ 选中"射频传输线(STRIP_LINE)"，其"元件"栏中有 6 种射频传输线可供调用。

(13) 单击"伺服器件元件库(Electro_Mechanical)"按钮，弹出的对话框中"系列"栏如图 1.3.25 所示。

① 选中"检测开关(SENSING_SWITCHES)"，其"元件"栏中有 17 种开关可供调用，并可用键盘上的相关键来控制开关的开或合。

② 选中"瞬时开关(MOMENTARY_SWITCHES)"，其"元件"栏中有 6 种开关可供调用，动作后会很快恢复为原来的状态。

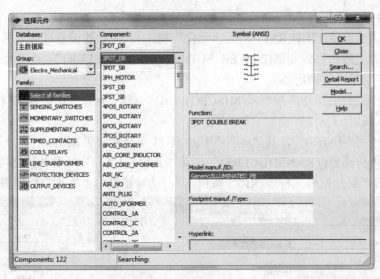

图 1.3.25　伺服器件元件库

③ 选中"接触器(SUPPLEMENTARY_CONTACTS)"，其"元件"栏中有 21 种接触器可供调用。

④ 选中"定时接触器(TIMED_CONTACTS)"，其"元件"栏中有 4 种定时接触器可供调用。

⑤ 选中"线圈与继电器(COILS_RELAYS)"，其"元件"栏中有 55 种线圈与继电器可供调用。

⑥ 选中"线性变压器(LINE_TRANSFORMER)"，其"元件"栏中有 11 种线性变压器可供调用。

⑦ 选中"保护装置(PROTECTION_DEVICES)"，其"元件"栏中有 4 种保护装置可供调用。

⑧ 选中"输出设备(OUTPUT_DEVICES)"，其"元件"栏中有 6 种输出设备可供调用。

至此，电子仿真软件 Multisim 的元件库及元器件全部介绍完毕，对读者在创建仿真电路寻找元件时有一定的帮助。这里还有如下几点说明：

(1) 关于虚拟元件，这里指的是现实中不存在的元件，也可以理解为它们的元件参数可以任意修改和设置的元件。比如要一个 1.034 Ω 电阻或 2.3 μF 电容等不规范的特殊元件，就可以选择虚拟元件通过设置参数达到，但仿真电路中的虚拟元件不能链接到制版软件 Ultiboard 的 PCB 文件中进行制版，这一点不同于其他元件。

(2) 与虚拟元件相对应，通常把现实中可以找到的元件称为真实元件或现实元件。比如，电阻的"元件"栏中就列出了 1.0 Ω～22 MΩ 的全系列现实中可以找到的电阻。现实元件只能调用，但不能修改它们的参数(极个别可以修改，比如晶体管的 β 值)。凡仿真电路中的真实元件都可以自动链接到 Ultiboard 中进行制版。

(3) 电源虽列在现实元件栏中，但它属于虚拟元件，可以任意修改和设置它的参数；电源和地线也都不会链接到 Ultiboard 的 PCB 界面进行制版。

(4) 额定元件是指它们允许通过的电流、电压、功率等的最大值都是有限制的，超过它们的额定值，该元件将击穿和烧毁。其他元件都是理想元件，没有定额限制。

(5) 关于三维元件，电子仿真软件 Multisim 中有 23 个品种，且其参数不能修改，只能搭建一些简单的演示电路，但它们可以与其他元件混合组建仿真电路。

1.4　Multisim 软件菜单栏和工具栏

Multisim 软件以图形界面为主，采用菜单、工具栏和快捷键相结合的方式，具有一般 Windows 应用软件的界面风格，用户可以根据自己的习惯和熟悉程度自如使用。

1.4.1　菜单栏简介

菜单栏位于软件界面的上方，通过菜单可以对 Multisim 软件的所有功能进行操作。

不难看出，菜单中有一些功能选项与大多数 Windows 平台上的应用软件一致，如文件、编辑、视图、选项、帮助。此外，还有一些 EDA 软件专用的选项，如放置、仿真、转换以及工具等，具体如图 1.4.1 所示。

| 🗒 文件(F)　编辑(E)　视图(V)　放置(P)　MCU　仿真(S)　转换(A)　工具(T)　报表(R)　选项(O)　窗口(W)　帮助(H) |

图 1.4.1　Multisim 软件的菜单栏

(1) 文件。文件命令中包含了对文件和项目的基本操作以及打印等命令，具体如图 1.4.2 所示。

(2) 编辑。编辑命令提供了类似于图形编辑软件的基本编辑功能，用于对电路图进行编辑，具体如图 1.4.3 所示。

图 1.4.2　文件菜单

图 1.4.3　编辑菜单

(3) 视图。通过视图菜单可以决定使用软件时的视图，对一些工具栏和窗口进行控制，具体如图 1.4.4 所示。

(4) 仿真。仿真菜单执行仿真分析命令，具体如图 1.4.5 所示。

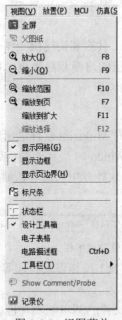

图 1.4.4　视图菜单　　　　图 1.4.5　仿真菜单

(5) 转换。转换菜单提供的命令可以完成仿真对其他 EDA 软件需要的文件格式的输出，具体如图 1.4.6 所示。

(6) 工具。工具菜单主要提供元器件的编辑与管理命令，具体如图 1.4.7 所示。

图 1.4.6　转换菜单　　　　图 1.4.7　工具菜单

(7) 选项。通过选项菜单可以对软件的运行环境进行定制和设置，具体如图 1.4.8 所示。

(8) 帮助。帮助菜单提供了对 Multisim 软件的在线帮助和辅助说明，具体如图 1.4.9 所示。

图 1.4.8　选项菜单　　　　　　图 1.4.9　帮助菜单

1.4.2　工具栏简介

Multisim 软件提供了多种工具栏，并以层次化的模式加以管理，用户可以通过视图菜单中的选项方便地将顶层的工具栏打开或关闭，再通过顶层工具栏中的按钮来管理和控制下层的工具栏。通过工具栏，用户可以方便直接地使用软件的各项功能。

顶层的工具栏有：标准工具栏、设计工具栏、缩放工具栏、仿真工具栏。

(1) 标准工具栏包含了常见的文件操作和编辑操作，如图 1.4.10 所示。

图 1.4.10　标准工具栏

(2) 设计工具栏是 Multisim 软件的核心工具栏，通过对该工具栏按钮的操作可以完成对电路从设计到分析的全部工作。其中的按钮可以直接打开或关闭下层的工具栏：Component 中的 Multisim Master 工具栏、仪器工具栏。

① Multisim Master 工具栏作为元器件(Component)工具栏中的一项，可以在设计工具栏中通过按钮来打开或关闭。该工具栏有 14 个按钮，每一个按钮都对应一类元器件，其分类方式和 Multisim 软件元器件数据库中的分类相对应，通过按钮图标就可大致清楚该类元器件的类型。具体的内容可以从 Multisim 软件的在线文档中获取。

Multisim Master 工具栏作为元器件的顶层工具栏，每一个按钮又可以开关下层的工具栏，下层工具栏是对该类元器件更细致的分类工具栏。以第一个按钮为例，通过这个按钮可以开关电源和信号源类的 Sources 工具栏，如图 1.4.11 所示。

图 1.4.11　电源元件工具栏

② 仪器工具栏集中了 Multisim 软件为用户提供的所有虚拟仪器仪表，用户可以通过按钮选择自己需要的仪器对电路进行观测。

(3) 缩放工具栏可以方便地调整所编辑电路的视图大小。

(4) 仿真工具栏可以控制电路仿真的开始、结束和暂停。

对电路进行仿真运行，通过对运行结果的分析，判断设计是否正确合理，是 EDA 软件的一项主要功能。为此，Multisim 软件为用户提供了类型丰富的虚拟仪器，可以从设计工具栏中的仪器工具栏，或用菜单命令("仿真"→"仪器")选用各种仪表，如图 1.4.5 所示。在选用后，各种虚拟仪表都以面板的方式显示在电路中。

各种虚拟仪器的名称及表示方法如图 1.4.12 所示。

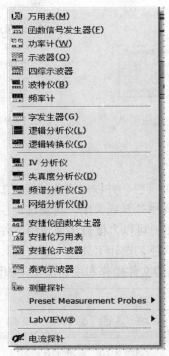

图 1.4.12　仪器下拉列表

1.5　Multisim 的实际应用

Multisim 软件的操作步骤如下：

(1) 打开 Multisim 10 设计环境，选择"文件"→"新建"→"原理图"，弹出一个新的电路绘制窗口，工程栏同时出现一个新的文件名称。单击"保存"按钮，对该文件重新命名，并保存到指定文件夹下。这里需要说明的是：

① 文件的名称要能体现电路的功能，要让自己以后看到该文件名就能马上想起该文件实现了什么功能。

② 在电路图的编辑和仿真过程中，要养成随时保存文件的习惯，以免由于没有及时保存而导致文件丢失或损坏。

③ 最好用一个固定的文件夹来保存所有基于 Multisim 10 的文件，这样便于管理。

(2) 在绘制电路图之前，需要先熟悉元件栏和仪器栏的内容，了解 Multisim 10 都提供了哪些电路元件和仪器。由于安装的 Multisim 软件是汉化版的，因此直接把鼠标放到元件栏或仪器栏相应的位置，系统会自动弹出元件或仪表的类型。

说明：Multisim 10 汉化版本汉化得不彻底，并且存在错别字(如放置基础元件被译成放置基楚元件)。

(3) 放置电源。单击元件栏的"放置信号源"选项，出现如图 1.5.1 所示的对话框。

① 在"数据库"选项里选择"主数据库"。

② 在"组"选项里选择"Sources"。

③ 在"系列"选项里选择"POWER_SOURCES"。

④ 在"元件"选项里选择"DC_POWER"。

⑤ 在对话框右边的"符号(ANSI)"、"功能"栏里，会根据所选项目，列出相应的说明。

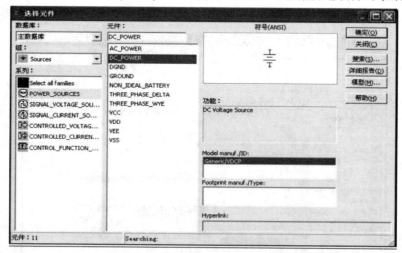

图 1.5.1   电源的选取

(4) 电源符号选择好后，单击"确定"按钮，移动鼠标到电路绘制窗口，选择放置位置后，单击鼠标左键即可将电源符号放置于电路绘制窗口中。电源符号放置完成后，还会弹出"选择元件"对话框，可以继续放置，单击"关闭"按钮可以取消放置。

(5) 可以看到，放置的电源符号显示的是 12 V。有时需要的可能不是 12 V 电源，这时通过双击该电源符号，出现如图 1.5.2 所示的属性对话框，在该对话框里，可以更改该元件的属性。在这里，将电压改为 3 V，当然也可以更改元件的序号引脚等属性，如图 1.5.3 所示。读者可以单击各个参数项来体验一下。

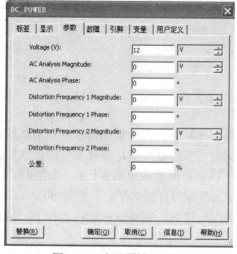

图 1.5.2   电源属性对话框

图 1.5.3   电源属性的修改

(6) 放置电阻。单击"放置基楚元件"(注意"楚"应为"础",为了一致,本书采用汉化的字,便于大家查找),弹出如图 1.5.4 所示的对话框。

① 在"数据库"选项里选择"主数据库"。

② 在"组"选项里选择"Basic"。

③ 在"系列"选项里选择"RESISTOR"。

④ 在"元件"选项里,选择"20k"。

⑤ 在对话框右边的"符号(ANSI)"框里,会根据所选项目,列出相应的符号。

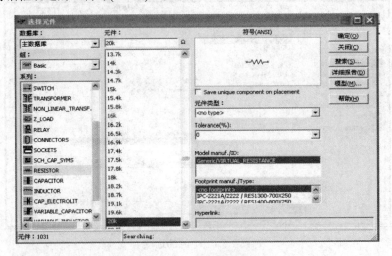

图 1.5.4　电阻的选取

(7) 按上述方法,再放置一个 10 kΩ 的电阻和一个 100 kΩ 的可调电阻。放置完毕后如图 1.5.5 所示。

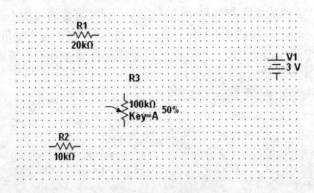

图 1.5.5　元件的放置

(8) 从图 1.5.5 中可以看到,放置后的元件都按照默认的摆放情况被放置在电路绘制窗口中。例如,电阻默认是横着摆放的,但在绘制电路实际过程中,各种元件的摆放情况是不一样的。如果想把电阻 R1 变成竖直摆放,则可以将鼠标放在电阻 R1 上,单击鼠标右键,这时会弹出一个对话框,在对话框中可以选择让元件顺时针或者逆时针旋转 90°。

如果元件摆放的位置不合适,想移动元件的摆放位置,则将鼠标放在元件上,按住鼠标左键,即可拖动元件到合适位置。

(9) 放置电压表。在仪器栏选择"万用表",将鼠标移动到电路绘制窗口内,这时可以看到，鼠标上跟随着一个万用表的简易图形符号。单击鼠标左键，将电压表放置在合适位置。电压表的属性同样可以双击鼠标左键进行查看和修改。所有元件放置好后如图 1.5.6 所示。

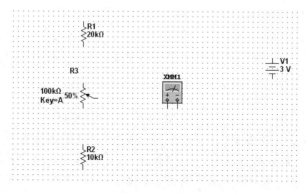

图 1.5.6　元件的摆放

(10) 元件的导线连接。首先将鼠标移动到电源的正极，当鼠标指针变成 ✦ 时，表示导线已经和正极连接起来了，单击鼠标左键将该连接点固定；然后移动鼠标到电阻 R1 的一端，出现小红点后，表示已经连接到 R1 了，单击鼠标左键固定，这样一根导线就连接好了，如图 1.5.7 所示。如果想要删除这根导线，将鼠标移动到该导线的任意位置，单击鼠标右键，选择"删除"即可将该导线删除，或者选中导线，直接按 Delete 键删除。

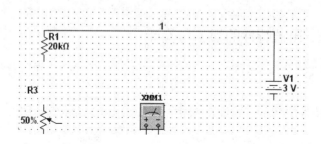

图 1.5.7　导线的连接方法

(11) 按照前面第(3)步的方法，放置一个公共地线，并按照如图 1.5.8 所示电路，将各连线连接好。

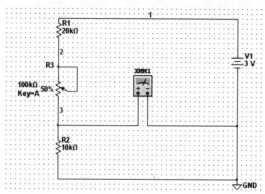

图 1.5.8　电路连接图

注意：在电路图的绘制中，公共地线是必需的。

(12) 电路连接完毕，检查无误后，就可以进行仿真了。单击仿真栏中的绿色"开始"按钮 ▶，电路进入仿真状态。双击图 1.5.8 中的万用表符号，即可弹出如图 1.5.9 所示的对话框，在这里显示了电阻 R2 上的电压。对于显示的电压值是否正确，可以进行验算，根据电路图可知，R2 上的电压值应等于电源电压乘以 R2 的阻值，再除以 R1、R2、R3 的阻值之和，即

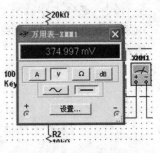

图 1.5.9 仿真结果

$$\frac{3.0 \times 10 \times 1000}{(10+20+50) \times 1000} = 0.375\,\text{V}$$，经验证电压表显示的电压正确。

R3 的阻值是如何得来的呢？从图中可以看出，R3 是一个 100 kΩ 的可调电阻，其调节百分比为 50%，则在这个电路中，R3 的阻值为 50 kΩ。

(13) 关闭仿真，改变 R2 的阻值，按照第(12)步的步骤再次观察 R2 上的电压值，会发现随着 R2 阻值的变化，其上的电压值也随之变化。

注意：在改变 R2 阻值的时候，最好关闭仿真。一定要及时保存文件。

经过上面内容的学习大致熟悉了如何利用 Multisim 10 来进行电路仿真，以后就可以利用电路仿真来学习模拟电路和数字电路了。

1.6 利用 Multisim 进行元件的特性分析

1.6.1 电阻分压、限流特性的演示与验证

电阻的作用主要是分压、限流。现在利用 Multisim 对这些特性进行演示和验证，具体操作步骤如下：

(1) 电阻分压特性的演示与验证，创建一个如图 1.6.1 所示的电路。

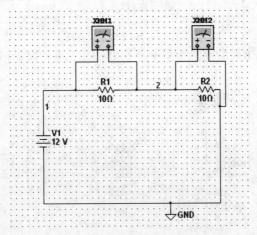

图 1.6.1 验证电阻分压特性的电路图

(2) 打开仿真，观察两个电压表各自测得的电压值，如图 1.6.2 所示。从图中可以看到，两个电压表测得的电压都是 6 V，根据这个电路的原理，可以计算出电阻 R1 和 R2 上的电压均为 6 V。在这个电路中，电源和两个电阻构成了一个回路，根据电阻分压原理，电源

的电压被两个电阻分担了，根据两个电阻的阻值，可以计算出每个电阻上分担的电压值。同理，可以改变这两个电阻的阻值，进一步验证电阻分压特性。

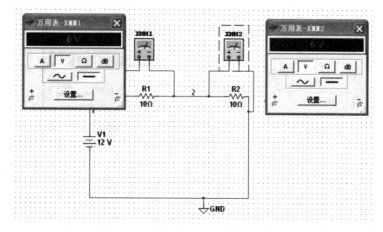

图 1.6.2　验证电阻分压特性的仿真图

(3) 电阻限流特性的演示和验证，创建如图 1.6.3 所示的电路。

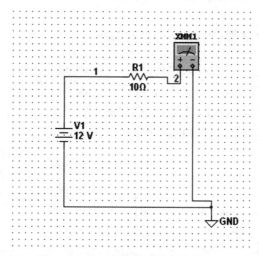

图 1.6.3　验证电阻限流特性的电路图

(4) 电阻限流特性电路中需要将万用表作为电流表使用，双击万用表，弹出万用表的属性对话框，如图 1.6.4 所示，单击按钮 "A"，这时万用表相当于被拨到了电流挡。

图 1.6.4　万用表属性对话框

(5) 开始仿真，双击万用表，弹出电流值显示对话框，在这里可以查看电阻 R1 上的电流，如图 1.6.4 所示。

(6) 关闭仿真，修改电阻 R1 的阻值为 1 kΩ，再打开仿真，观察电流的变化情况，如图

1.6.5 所示，可以看到电流发生了变化。根据电阻值大小的不同，电流大小也相应地发生变化，从而验证了限流特性。

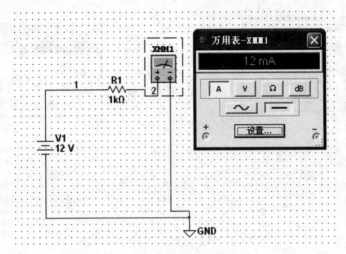

图 1.6.5　验证电阻限流特性的仿真图

1.6.2　电容隔直流通交流特性的演示与验证

电容的特性是隔直流、通交流，也就是说电容两端只允许交流信号通过，直流信号是不能通过电容的。下面就来演示和验证电容特性，具体操作步骤如下：

(1) 电容隔直流特性的演示和验证，创建如图 1.6.6 所示电路图。在这个电路中，将直流电源加到电容的两端，通过示波器观察电路中的电压变化。

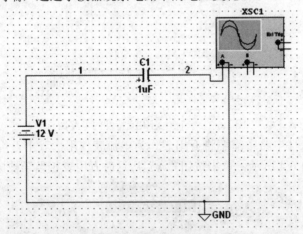

图 1.6.6　验证电容隔直流特性的电路图

(2) 由于已经知道，在这个电路中是没有电流通过的，所以用示波器只能看到电压为 0，测量出来的电压波形跟示波器的 0 点标尺重合，不便于观察，为此双击示波器，打开如图 1.6.7 所示对话框，将 Y 轴的位置参数改为 1，这样就便于观察了。

(3) 打开仿真，如图 1.6.8 所示，看到这条亮线上面的红线就是示波器测得的电压，可以看到电压是 0，从而验证了电容的隔直流特性。

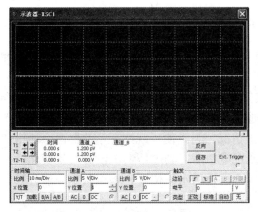 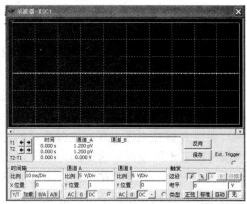

图 1.6.7　示波器属性对话框　　　　　　图 1.6.8　验证电容隔直流特性的仿真图

(4) 电容通交流特性的演示与验证，创建如图 1.6.9 所示的电路图。图中直流电源被换为交流电源，电源电压和频率分别为 6 V、50 Hz。同时，由于上面的试验中改变了示波器的水平位置，在这里需要将水平位置改为 0。

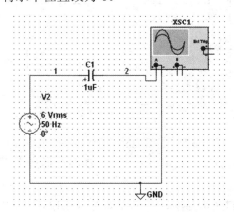

图 1.6.9　验证电容通交流特性的电路图

(5) 打开仿真，双击示波器，观察电路中的电压变化，如图 1.6.10 所示。从图中可以看出，电路中有了频率为 50 Hz 的电压变化，从而验证了电容通交流的特性。

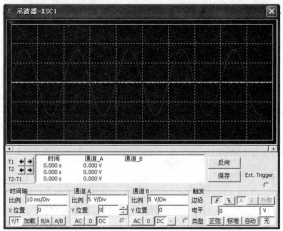

图 1.6.10　验证电容通交流特性的仿真图

1.6.3 电感隔交流通直流特性的演示与验证

电感的特性是隔交流、通直流，利用 Multisim 对这些特性进行演示和验证，具体操作步骤如下：

(1) 电感通直流特性的演示与验证，创建如图 1.6.11 所示电路。为了能更好地显示演示效果，在电感的两端分别连接示波器的一个通道。通道 A 测量电源经过电感后的电压变化情况，通道 B 连接电源，观察电源两端的电压情况。为了便于观察，示波器两个通道的水平位置进行了不同设置。这是因为直流电源通过电感后，其电压情况没有发生变化，示波器两个通道的波形会重叠在一起。通过调整两个通道的水平位置，将这两个波形分开，这样能够比较直观地看到两个通道的波形。

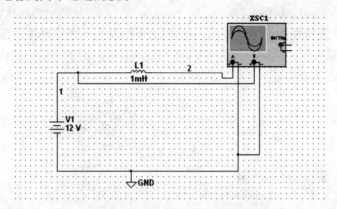

图 1.6.11　验证电感通直流特性的电路图

(2) 打开仿真，双击示波器，就可以看到 A、B 两个通道上都有电压，这就验证了电感的通直流特性。

(3) 电感隔交流特性的演示与验证。创建如图 1.6.12 所示电路图，将直流电源换为交流电源，频率为 50 MHz。

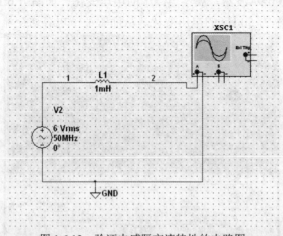

图 1.6.12　验证电感隔交流特性的电路图

(4) 打开仿真，双击示波器，可以看到示波器上没有电压，如图 1.6.13 所示，说明电感将交流电隔断了。试着改变频率的大小，可以发现，在频率较低的时候，电压是能够通过电感的，但是随着频率的提高，电压逐渐就被完全隔断，这与电感的频率特性是一致的。

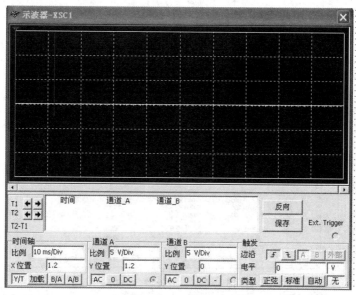

图 1.6.13　验证电感隔交流特性的仿真图

1.6.4　二极管特性的演示与验证

二极管的特性是单向导电性，利用 Multisim 对二极管特性进行演示和验证，具体操作步骤如下：

(1) 二极管单向导电性的演示与验证，建立如图 1.6.14 所示电路图。图中用到了一个新的虚拟仪器函数信号发生器。顾名思义，函数信号发生器是一个可以产生各种信号的仪器，它的信号是根据函数值来变化的，它可以产生幅值、频率、占空比都可调的波形，可以是正弦波、三角波、方波等。图中利用函数信号发生器来产生电路的输入信号。仿真前应设置函数信号发生器的幅值、频率、占空比、偏移量以及波形形式。示波器的两个通道一路用来检测函数信号发生器波形，另一路用来监视信号经过二极管后的波形变化情况。

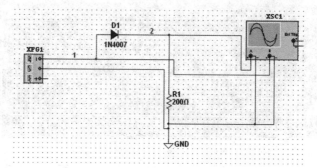

图 1.6.14　验证二极管特性的电路图

(2) 打开仿真，双击示波器查看示波器两个通道的波形，如图 1.6.15 所示。从图中可以看到，信号经过二极管前，是完整的正弦波，经过二极管后，正弦波的负半周消失了，从而证明了二极管的单向导电性。试着把函数信号发生器的波形改为三角波、矩形波，再观察输出效果，可以得出同样的结论：二极管正向偏置时，电流通过，反向偏置时，电流截止。

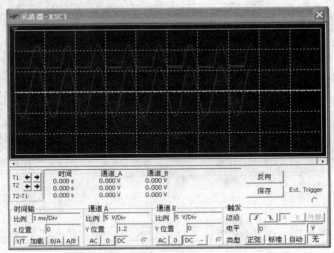

图 1.6.15　验证二极管特性的仿真图

(3) 在电路中将二极管反向安装，然后观察仿真效果。会发现，二极管反向安装后，其输出波形与正向安装时的波形刚好相反。二极管反向安装时的电路图和波形图如图 1.6.16 和图 1.6.17 所示。

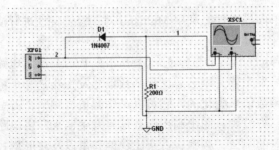

图 1.6.16　二极管反向安装时的电路图

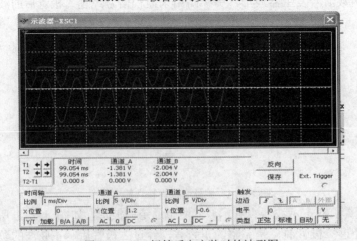

图 1.6.17　二极管反向安装时的波形图

1.6.5　三极管特性的演示与验证

三极管的特性是放大作用，利用 Multisim 演示和验证三极管特性，具体操作步骤如下：

(1) 三极管电流放大特性的演示与验证，创建并绘制如图 1.6.18 所示的电路图。图中，使用 NPN 型三极管 2N1711 来进行实验，采用共射极放大电路接法，基极和集电极分别连接电流表。另外注意，基极和集电极的电压是不一样的。

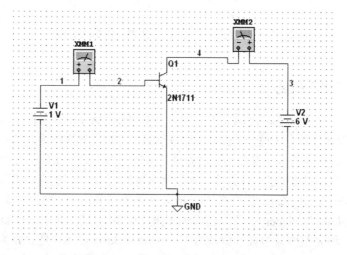

图 1.6.18　验证三极管特性的电路图

(2) 打开仿真，分别双击两个万用表(注意选择电流挡)，如图 1.6.19 所示，可以看到，连接在基极的电流表和连接在集电极的电流表显示的电流值差别很大。这就说明：在基极用一个很小的电流，就可以在集电极获得比较大的电流，从而验证了三极管的电流放大特性。

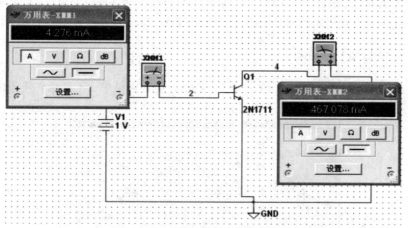

图 1.6.19　验证三极管特性的仿真图

第 2 章　电子线路 CAD 技术

2.1　Protel DXP 软件平台介绍

2.1.1　Protel DXP 概述

　　Protel 是 80 年代末出现的 EDA 软件，在电子行业的 CAD 软件中，它当之无愧地排在众多 EDA 软件的前面，是电子设计工程师的首选软件。它很早就在国内开始使用，在国内的普及率也最高，有些高校的电子专业还专门开设了课程来学习它，几乎所有的电子公司都要用到它，许多大公司在招聘电子设计人才时在招聘条件栏上常会注明要求应聘者会使用 Protel。

　　2005 年底，Protel 软件的原生产商 Altium 公司推出了 Protel 系列的最新高端版本 Altium Designer 6.0。Altium Designer 6.0 是完全一体化电子产品开发系统的一个新版本，是业界第一款也是唯一一种完整的板级设计解决方案。Altium Designer 6.0 是业界首例将设计流程、集成化 PCB 设计、可编程器件(如 FPGA)设计和基于处理器设计的嵌入式软件开发功能整合在一起的产品，一种同时进行 PCB 和 FPGA 设计以及嵌入式设计的解决方案，具有将设计方案从概念转变为最终成品所需的全部功能。

　　在国内，Protel 99 SE 作为一个经典版本被广泛应用，随着 Protel DXP 2004 的出现已被逐步取代。尽管 Altium Designer 6.0 功能强大，但对计算机的硬件资源要求较高，部分功能相比其他软件并不普及，所以本章只介绍如何用 Protel DXP 2004 设计原理图和 PCB 图。

2.1.2　Protel DXP 主界面

　　Protel DXP 软件的系统主界面如图 2.1.1 所示，包含主菜单、工具栏、任务选择区、任务管理栏等部分。

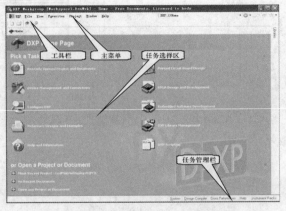

图 2.1.1　Protel DXP 主界面

1. 主菜单

主菜单包含 DXP、File、View、Favorites、Project、Window 和 Help 等 7 个部分。DXP：主要实现对系统的设置管理及仿真；File：实现对文件的管理；View：显示管理菜单、工具栏等；Favorites：收藏菜单；Project：项目管理菜单；Window：窗口布局管理菜单；Help：帮助文件管理菜单。

2. 工具栏

工具栏是菜单的快捷键，如图 2.1.2 所示，主要用于快速打开或管理文件。

打开文档管理窗口　打开文档项目　FPGA 芯片选择　帮助

图 2.1.2　工具栏简介

3. 任务选择区

任务选择区包含多个图标，单击对应的图标便可启动相应的功能，任务选择区图标的说明如表 2.1.1 所示。

表 2.1.1　任务选择区图标功能

图标及功能		图标及功能	
Recently Opened Project and Documents	最近的项目和文件	Printed Circuit Board Design	新建电路设计项目
Device Management and Connections	器件管理	FPGA Design and Development	FPGA 项目创建
Configure DXP	配置 DXP 软件	Embedded Software Development	打开嵌入式软件
Reference Designs and Examples	打开参考例程	DXP Library Management	打开 DXP 脚本
Help and Information	打开帮助索引	DXP Scripting	器件库管理

4．Protel DXP 的文档组织结构

Protel DXP 以工程项目为单位实现对项目文档的组织管理，通常一个项目包含多个文件，Protel DXP 的文档组织结构如图 2.1.3 所示。

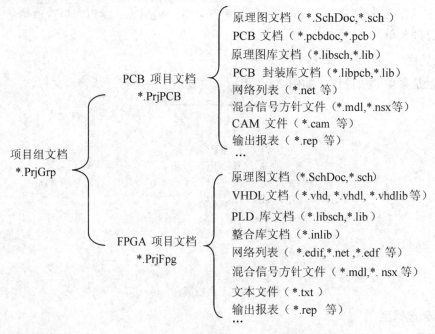

图 2.1.3　Protel DXP 的文档组织结构

2.2　Protel DXP 电路原理图的绘制

2.2.1　电路原理图的绘制流程

原理图设计是电路设计的基础，只有在设计好原理图的基础上才可以进行印刷电路板的设计和电路仿真等。本章详细介绍了如何设计电路原理图、编辑修改原理图。通过本章的学习，掌握原理图设计的过程和技巧。电路原理图的设计流程如图 2.2.1 所示，包含 8 个设计步骤具体如下：

(1) 新建工程项目。新建一个 PCB 工程项目，PCB 设计中的文件都包含在该项目下。

(2) 新建原理图文件。在进入 SCH 设计系统之前，首先要构思好原理图，即必须知道所设计的项目需要哪些电路来完成，然后用 Protel DXP 来画出电路原理图。

(3) 设置工作环境。根据实际电路的复杂程度来设置图纸的大小。在电路设计的整个过程中，图纸的大小都可以不断地调整，设置合适的图纸大小是完成原理图设计的第一步。

(4) 放置元件。从元件库中选取元件，布置到图纸的合适位置，并对元件的名称、封装进行定义和设定，根据元件之间的走线等联系对元件在工作平面上的位置进行调整和修改使得原理图美观而且易懂。

(5) 原理图布线。根据实际电路的需要，利用 SCH 提供的各种工具、指令进行布线，将工作平面上的元件用具有电气意义的导线、符号连接起来，构成一张完整的电路原理图。

(6) 原理图电气检查。当完成原理图布线后，需要设置项目选项来编译当前项目，利用 Protel DXP 提供的错误检查报告修改原理图。

(7) 编译和修改。如果原理图已通过电气检查，就可以生成网络表，完成原理图的设计了。对于一般电路设计而言，尤其是较大的项目，通常需要对电路进行多次修改才能够通过电气检查。

(8) 生成网络表及文件。完成上面的步骤以后，可以看到一张完整的电路原理图，但是要完成电路板的设计，就需要生成一个网络表文件。网络表是电路板和电路原理图之间的重要纽带。Protel DXP 提供了利用各种报表工具生成的报表(如网络表、元件清单等)，同时可以对设计好的原理图和各种报表进行存盘和输出打印，为印刷电路板的设计做好准备。

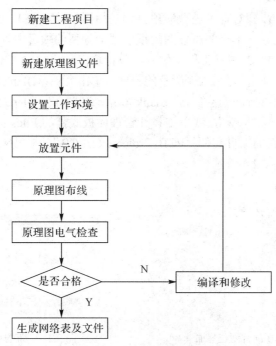

图 2.2.1　原理图设计流程

2.2.2　新建工程设计项目

在 Protel DXP 中，一个项目包括所有文件夹的连接和与设计有关的设置。一个项目文件，例如 *.PrjPCB，是一个 ASCII 文本文件，用于列出在项目里有哪些文件以及有关输出的配置(例如打印和输出 CAM)。那些与项目没有关联的文件称为"自由文件(Free Documents)"。与原理图纸和目标输出的连接(例如 PCB、FPGA、VHDL 或封装库)，将添加到项目中，一旦项目被编辑，设计验证、同步和对比就会产生。

本章通过如图 2.2.2 所示，一个由多谐振荡器组成的电子彩灯电路原理图的绘制及 PCB 设计为例，讲述 Protel DXP 软件的使用。

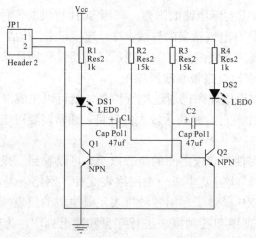

图 2.2.2 电子彩灯原理图

建立一个新项目的步骤对各种类型的项目都是相同的。以 PCB 项目为例，首先要创建一个项目文件，然后创建一个空的原理图图纸以添加到新的项目中。

(1) 创建一个新的 PCB 项目工程文件。在设计窗口的 Pick a Task 区中单击"Printed Circuit Board Design"，弹出如图 2.2.3 所示的界面，单击"New Blank PCB Project"即可(另外，可以在 Files 面板中的 New 区单击"Blank Project (PCB)"，如果这个面板未显示，可以选择主菜单中"File"→"New"，或单击设计管理面板底部的 Files 标签)。

Projects 面板出现新的项目文件"PCB_Project1.PrjPCB"，与"No Documents Added"文件夹一起列出，如图 2.2.4 所示。

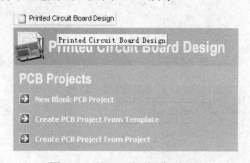

图 2.2.3 PCB 项目创建界面

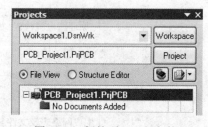

图 2.2.4 新的项目工程文件

(2) 通过选择"File"→"Save Project As"将新建项目重命名(扩展名为 *.PrjPCB)。把这个项目保存在硬盘上的指定位置，在文件名栏里键入 zdqPCB.PrjPCB 并单击"Save"保存。

2.2.3 新建原理图文件

为项目创建一个新的原理图文件可按照以下步骤来完成：

(1) 在 Files 面板的 New 单元选择"File"→"New"，并单击"Schematic Sheet"。如图 2.2.5 所示，一个名为 Sheet1.SchDoc 的原理图文件出现在设计窗口中，并且原理图文件自动地添加(连接)到项目下。

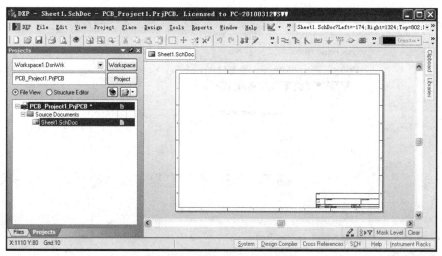

图 2.2.5　新建原理图文件界面

(2) 通过选择"File"→"Save As"将新建原理图文件重命名(扩展名为 *.SchDoc)。把这个原理图文件保存在硬盘中的指定位置，在文件名栏键入 zdq.SchDoc，并单击"Save"保存。

现在可以自定义工作区的许多模式。例如，可以重新放置浮动的工具栏，单击并拖动工具栏的标题区，然后移动鼠标重新定位工具栏，可以将其移动到主窗口区的左边、右边、上边或下边。

(3) 将原理图文件添加到项目中。如果要把一个现有的原理图文件 sheet2 添加到现有的 zdqPCB_Project2 项目文件中，可在 Projects 项目管理栏中，选中 zdqPCB_Project2 项目，单击鼠标右键，如图 2.2.6(a)所示在弹出的快捷菜单中单击"Add Existing to Project..."。找到 sheet2 所在位置，选中该文件，单击"OK"，如图 2.2.6(b)所示，sheet2 就被添加到 zdqPCB_Project2 项目中。

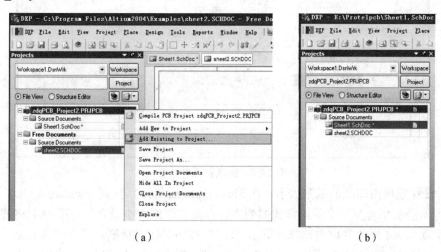

　　　　（a）　　　　　　　　　　　　　　　　　（b）

图 2.2.6　添加已有文件到项目中

(4) 原理图文件的移除。如果想从项目中移除原理图文件，用鼠标右键单击欲删除的原理图文件，弹出如图 2.2.7 所示的快捷菜单。在菜单中选择"Remove from Project..."选项，并在弹出的确认删除对话框中单击"Yes"按钮，即可将此原理图文件从当前项目中删除。

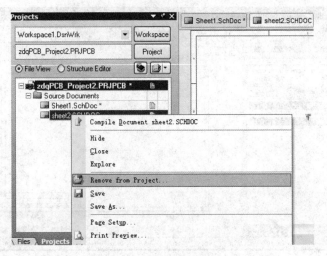

图 2.2.7　从项目中移除文件

2.2.4　原理图图纸的设置

在开始绘制电路图之前要先设置正确的文件选项。从菜单栏中选择"Design"→ "Document Options"选项，弹出图纸设置对话框如图 2.2.8 所示。

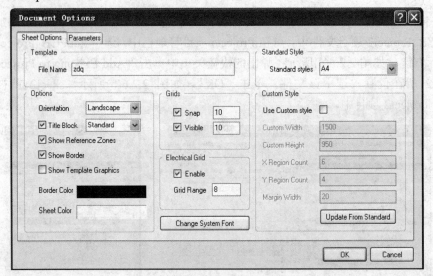

图 2.2.8　图纸设置对话框

(1) 设置原理图图纸的纸张大小，在 Sheet Options 标签，找到 Standard Style 栏，单击输入框旁的箭头将看见一个图纸样式的列表。在此将图纸大小设置为标准 A4 格式，使用滚动栏滚动到 A4 样式并单击选择，单击"OK"按钮关闭对话框，更新图纸大小。

(2) 在 Grids 栏中设置图纸网格是否可见，选中 Visible 为可见每一格的大小。也可设置鼠标步进网格 Snap 的大小，一般将可见网格大小和鼠标步进网格大小设为相等。此处，网格大小的单位为英制 mil。

为将文件全部显示在可视区，选择"View"→"Fit Document"选项即可。

2.2.5　放置元件

1. 定位元件和加载元件库

数以千计的原理图元件包括在 Protel DXP 中。尽管完成原理图所需要的元件已经在默认的安装库中，但掌握通过库搜索来找到元件还是很重要的。通过以下操作步骤来定位元件并添加原理图电路所要用到的库。

(1) 首先要查找晶体管，两个均为 NPN 三极管。单击主界面右侧的 Libraries 标签，显示元件库工作区面板，如图 2.2.9 所示。

图 2.2.9　元件库窗口

(2) 在元件库工作区面板中按下"Search..."按钮，或选择菜单栏"Tools"→"Find Component"选项，将打开查找库对话框，如图 2.2.10 所示。

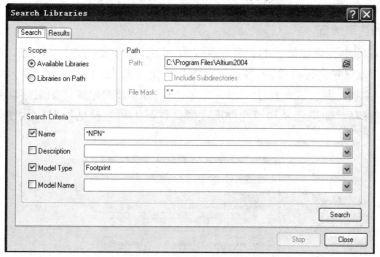

图 2.2.10　查找库对话框

(3) 在图 2.2.10 中确认 Scope 单元被设置为 Libraries on Path，并且 Path 栏含有指向库的正确路径，C:\Program Files\Altium2004，确认 Include Subdirectories 未被选择(未被勾选)。

(4) 想要查找所有与 NPN 有关的库，在 Search Criteria 单元的 Name 文本框内键入

NPN。单击"Search"按钮开始查找,当查找进行时 Results 标签将显示。如果输入的规则正确,一个库将被找到并显示在查找库对话框中,如图 2.2.11 所示。

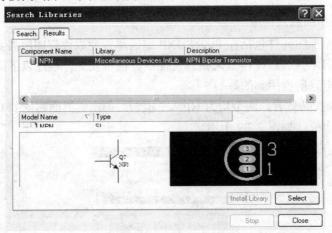

图 2.2.11　查找 NPN 的结果

(5) 单击"Miscellaneous Devices.IntLib"库以选择它(如果该库不在项目中,则单击"Install Library"按钮使这个库在原理图中可用)。

(6) 关闭"Search Libraries"对话框。

常用的元件库有:"Miscellaneous Devices.IntLib",包括常用的电路分立元件,如电阻 Res*、电感 Induct、电容 Cap*等;"Miscellaneous Connectors.IntLib",包括常用的连接器,如 Header*等。

另外,其他集成电路元件包含于以元件厂家命名的元件库中,因此要根据元件性质、厂家到对应库中寻找元件或用搜索的方法加载元件库(如果已经知道元件所在库文件,则可直接加载对应元件库,选取元件)。

2. 元件的选取放置

(1) 在原理图中首先要放置的元件是两个晶体管(Transistors)Q1 和 Q2。在元件列表中单击"NPN",以选择它,再单击"Place NPN"按钮如图 2.2.12 所示,也可以双击元件名,光标将变成十字状,并且在光标上"悬浮"着一个晶体管的轮廓,如果移动光标,晶体管轮廓就会随之移动。如果已经知道元件所在库文件,则可直接选取对应元件库,输入元件名选取元件。

图 2.2.12　元件库窗口

(2) 在原理图上放置元件之后，首先要编辑其属性。当晶体管悬浮在光标上时，单击鼠标右键弹出快捷菜单，如图 2.2.13 所示，单击"Properties..."，弹出元件属性对话框如图 2.2.14 所示(也可以单击鼠标不放选中此元件，按 Tab 键弹出此对话框)，现在设置元件的属性，在 Designator 栏中键入 Q1 作为元件序号。

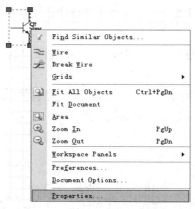

图 2.2.13 右键菜单项

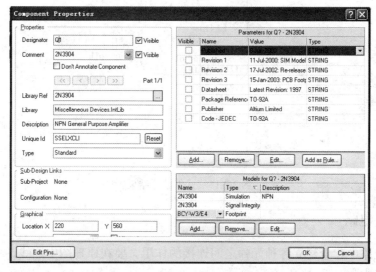

图 2.2.14 元件属性对话框

检查元件的 PCB 封装。在本实例中由于使用了集成库(Miscellaneous Devices.IntLib)，该库已经包括了封装和电路仿真的模型，因此晶体管的封装在模型列表中已自动含有，模型名为 BCY-W3/E4、类型为 Footprint，其余栏保留为默认值。

(3) 放置第二个晶体管。这个晶体管同前一个相同，因此在放之前没必要再编辑它的属性。放置的第二个晶体管标记为 Q2。

通过观察图 2.2.2 原理图，发现 Q2 与 Q1 是径向的。要将悬浮在光标上的晶体管翻转，按 X 键，这样可以使元件水平翻转。同样，要将元件上下翻转，按 Y 键；按 Space(空格键)可实现每次 90°逆时针旋转。

(4) 同样的操作完成电阻(Res2)、电容(Cap Pol1)、LED(LED0)的放置。

(5) 最后要放置的元件是连接器(Connector)，在 Miscellaneous Connectors.IntLib 库里。

为了使图纸更易理解，可放置对应的电源、地符号，这两个器件仅代表电气符号，没有实际的电路封装，所以要放置一个 Header 2 产生实际的电气连接。

需要的连接器是两个引脚的插座，所以设置过滤器为 *2*(或者 Header)。在元件列表中选择 Header 2，并单击"Place Header 2"按钮。按 Tab 键编辑其属性并设置 Designator 为 JP1，检查 PCB 封装模型为 HDR1X2。由于在仿真时将把连接器作为电路，所以不需要作规则设置，单击"OK"关闭元件属性对话框。

放置连接器之前，按 X 键元件水平翻转。在原理图中放置连接器后，右击或按 Esc 键退出放置元件模式。

(6) 如图 2.2.15 所示为元件放置结果，从菜单栏选择"File"→"Save"选项保存原理图。需要移动元件，单击并拖动元件重新放置即可。

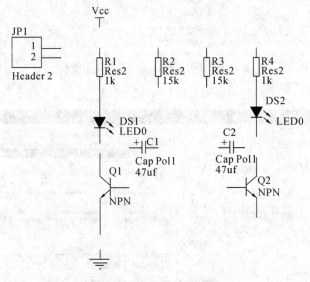

图 2.2.15　元件放置结果

2.2.6　连接电路

连线在电路中起着建立各种元件之间连接的作用。要在原理图中连线，参照原理图并完成以下操作步骤：

使原理图图纸有一个好的视图，从菜单栏选择"View"→"Fit All Objects"选项。

(1) 将电阻 R1 与晶体管 Q1 的基极连接起来。从菜单栏选择"Place"→"Wire"选项或从 Wiring Tools(连线工具)工具栏单击 Wire 工具进入连线模式，光标将变为十字形状。

(2) 将光标放在 Vcc 的下端，放对位置时，一个红色的连接标记(大的星形标记)会出现在光标处如图 2.2.16 所示。这表示光标处在元件的一个电气连接点上。

(3) 左击或按 Enter 键固定第一个导线点，移动光标会看见一根导线从光标处延伸到固定点。将光标移到 R1 上端的水平位置上，左击鼠标或按 Enter 键在该点固定导线。这样在第一个和

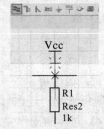

图 2.2.16　连线示意图

第二个固定点之间的导线就放好了。

(4) 将光标移到 R2 的对应端上，仍会看见光标变为一个红色连接标记。左击或按 Enter 键将其连接到 R1 的上端，完成这部分导线的放置。注意光标仍然为十字形状，表示准备放置其他导线。

要完全退出放置连线模式恢复箭头光标，应该再一次右击或按 Esc 键(退出后再连线则要重复前面的步骤，不退出就可以继续连线)。

(5) 将 R1 连接到 DS1 上。将光标放在 R1 下端的连接点上，左击或按 Enter 键开始新的连线。左击或按 Enter 键放置导线段，然后右击或按 Esc 键表示已经完成该导线的放置。

参照图 2.2.2 连接电路中的剩余部分，绘制结果如图 2.2.17(a)所示，在完成所有的导线连接之后，右击或按 Esc 键退出放置连线模式，光标恢复为箭头形状。

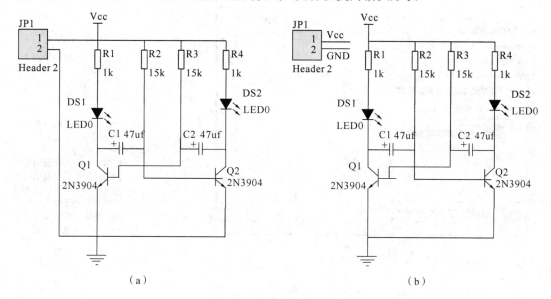

（a）　　　　　　　　　　　　　　　　　　（b）

图 2.2.17　绘制完成的原理图

2.2.7　网络与网络标签

彼此连接在一起的一组元件引脚称为网络(Net)。例如，Q1 的基极、R3 的一个引脚和 C2 的一个引脚构成一个网络。在设计中添加网络是很容易的，添加网络标签(Net Label)即可。

在 Header 2 的两个引脚上放置网络标签，具体操作步骤如下：

(1) 在菜单栏选择"Place"→"Net Label"选项，一个虚线框将悬浮在光标上，放在 Header 2 的 2 脚上。

(2) 单击显示"Net Label"(网络标签)对话框，在 Net 栏键入 Vcc，然后单击"OK"关闭对话框。

(3) 同样将一个网络标签放在 Header 2 的 1 脚上，单击显示"Net Label"(网络标签)对话框，在 Net 栏键入 GND，单击"OK"关闭对话框。

(4) 放置好网络标签的电路如图 2.2.17(b)所示，图(b)中 Header 2 的两个引脚尽管没有导线连接，但有了网络标签，和图 2.2.17(a)的效果是一样的。

2.2.8　生成 PCB 网络表

在原理图生成的各种报表中，以网络表(Netlist)最为重要，绘制原理图最主要的目的就是为了将原理图转化为一个网络表，以供在后续工作中使用。

单击主菜单栏中"Design"→"Netlist For Project"→"Protel"选项，生成如图 2.2.18 所示的网络表文件。

说明：Protel DXP 软件的网络表包含两个部分的内容：各个元件的数据(元件标号、元件注释、元件封装信息)；元件之间网络连接数据。具体格式如图 2.2.19 所示。

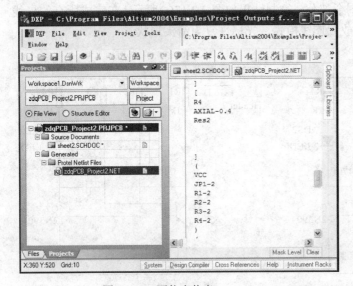

图 2.2.18　网络表信息

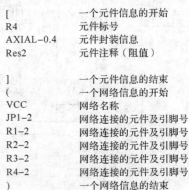

[	一个元件信息的开始
R4	元件标号
AXIAL-0.4	元件封装信息
Res2	元件注释（阻值）
]	一个元件信息的结束
(	一个网络信息的开始
VCC	网络名称
JP1-2	网络连接的元件及引脚号
R1-2	网络连接的元件及引脚号
R2-2	网络连接的元件及引脚号
R3-2	网络连接的元件及引脚号
R4-2	网络连接的元件及引脚号
)	一个网络信息的结束

图 2.2.19　网络表说明

2.3　PCB 文件的设计

2.3.1　PCB 的相关概念

PCB 是 Printed Circuit Board 的缩写，即印制电路板的意思，传统的电路板都采用印刷蚀刻阻剂(涂油漆、贴线路保护膜、热转印)的方法，做出电路的线路及图面，所以又被称为印刷电路板。印制电路板是由绝缘基板、连接导线和装配焊接电子元器件的焊盘组成的，具有导线和绝缘底板的双重作用，用来连接实际的电子元件。通常都使用相关的软件进行 PCB 的设计和制作。本小节介绍利用 Protel DXP 进行 PCB 设计的过程。

1. Protel DXP 设计中 PCB 的工作层

Protel DXP 提供有多种类型的工作层，只有在了解了这些工作层的功能之后，才能准确、可靠地进行印制电路板的设计。Protel DXP 所提供的工作层大致可以分为 7 类：Signal Layers(信号层)、Internal Planes(内部电源/接地层)、Mechanical Layers(机械层)、Mask Layers (阻焊层)、Silkscreen Layers(丝印层)、Other Layers(其他层)及 System(系统工作层)。

2. 封装

元件封装是指实际的电子元器件或集成电路的外形尺寸、管脚的直径及管脚的距离等，它是使元件引脚和印刷电路板上焊盘一致的保证。元件的封装可以分为针脚式封装和表面贴装式(SMT)封装两大类。

3. 铜膜导线

铜膜导线也称铜膜走线，简称导线，用于连接各个焊盘，是印制电路板最重要的部分。与导线有关的另外一种线常称为飞线，即预拉线。飞线是在引入网络表后，系统根据规则生成的，是用来指引布线的一种连线。飞线与导线有本质的区别，飞线只是一种形式上的连线，它只是在形式上表示出各个焊盘的连接关系，没有电气的连接意义。

4. 焊盘(Pad)

焊盘的作用是放置焊锡，连接导线和元件引脚。选择元件的焊盘类型要综合考虑该元件的形状、大小、布置形式、振动和受热情况、受力方向等因素。

在 Protel DXP 封装库中有一系列大小和形状不同的焊盘，如圆、方、八角、圆方和定位用焊盘等，但有时还不够用，需要自己编辑。例如，对发热且受力较大、电流较大的焊盘，可自行设计成"泪滴状"。

5. 过孔(Via)

为连通各层之间的线路，在各层需要连通导线的交汇处钻一个公共孔，这就是过孔。过孔有三种，即从顶层通到底层的穿透式过孔、从顶层通到内层或从内层通到底层的盲过孔以及内层间的隐藏过孔。

过孔有两个尺寸，即通孔直径(Hole Size)和过孔直径(Diameter)，如图 2.3.1 所示。通孔和过孔之间的孔壁由与导线相同的材料构成，用于连接不同层的导线。

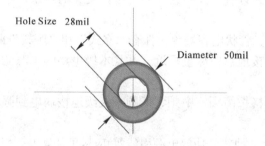

图 2.3.1　过孔尺寸

一般而言，设计线路时对过孔的处理有以下几个原则：

(1) 尽量少用过孔，一旦选用了过孔，务必处理好它与周边各实体的间隙，特别是容易被忽视的中间各层和过孔不相连的线与过孔的间隙。

(2) 载流量越大，所需的过孔尺寸就越大，如电源线、地线与其他层连接所用的过孔就要大一些。

6. 敷铜

对于抗干扰要求比较高的电路板，需要在 PCB 上敷铜。敷铜可以有效地实现电路板的信号屏蔽作用，提高电路板信号的抗电磁干扰能力。

2.3.2 PCB 设计的流程和原则

1. PCB 设计的流程

PCB 是所有设计过程的最终产品。PCB 图设计的好坏直接决定了设计结果是否能满足要求，PCB 图设计过程中主要有以下几个步骤：

(1) 创建 PCB 文件。在正式绘制之前，要规划好 PCB 的尺寸。这包括 PCB 的边沿尺寸和内部预留的用于固定的螺丝孔，也包括其他一些需要挖掉的空间和预留的空间。

(2) 设置 PCB 的设计环境。

(3) 将原理图信息传输到 PCB 中。规划好 PCB 之后，就可以将原理图信息传输到 PCB 中了。

(4) 元件布局。元件布局要完成的工作是把元件在 PCB 上摆放好。布局可以是自动布局，也可以是手动布局。

(5) 布线。根据网络表，在 Protel DXP 提示下完成布线工作，这是最需要技巧的工作部分，也是最复杂的一部分工作。

(6) 检查错误。布线完成后，最终检查 PCB 有没有错误，并为这块 PCB 撰写相应的文档。

(7) 打印 PCB 图纸。

2. PCB 设计的基本原则

印制电路板设计首先需要完全了解所选用元件及各种插座的规格、尺寸、面积等。当合理地、仔细地考虑各元件的位置安排时，主要是从电磁兼容性、抗干扰性的角度，以及走线要短、交叉要少、电源和地线的路径、去耦等方面考虑。

印制电路板上各元件之间的布线应遵循以下基本原则：

(1) 印制电路中不允许有交叉电路，对于可能交叉的线条，可以用"钻"、"绕"两种办法解决。

(2) 电阻、二极管、管状电容器等元件有"立式"和"卧式"两种安装方式。

(3) 同一级电路的接地点应尽量靠近，并且本级电路的电源滤波电容也应接在该级接地点上。

(4) 总地线必须严格按高频、中频、低频一级级地按弱电到强电的顺序排列，切不可随便乱接。

(5) 强电流引线(公共地线、功放电源引线等)应尽可能宽些，以降低布线电阻及其电压降，减小寄生耦合而产生的自激。

(6) 阻抗高的走线尽量短，阻抗低的走线可长一些，因为阻抗高的走线容易发射和吸收信号，引起电路不稳定。

(7) 各元件排列、分布要合理和均匀，力求整齐、美观、结构严谨。电阻、二极管的放置方式分为平放和竖放两种，在电路中元件数量不多，而且电路板尺寸较大的情况下，一般采用平放较好。

(8) 电位器的安放位置应当满足整机结构安装及面板布局的要求，应尽可能放在板的边缘，旋转柄朝外。

(9) 设计印制电路板时，在使用 IC(集成电路)座的场合下，一定要特别注意 IC 座上定位槽放置的方位是否正确，并注意各个 IC 脚位置是否正确。

(10) 进出接线端布置。相关联的两个引线端不要距离太大，一般为 2/10～3/10 inch 较合适。进出接线端尽可能集中在 1～2 个侧面，不要太过离散。

(11) 要注意管脚排列顺序，元件引脚间距要合理。如电容两焊盘间距应尽可能与引脚的间距相符。

(12) 在保证电路性能要求的前提下，设计时尽量走线合理，少用外接跨线，并按一定顺序要求走线。走线尽量少拐弯，力求线条简单明了。

(13) 设计应按一定顺序进行，例如，可以按从左往右和由上而下的顺序进行。

(14) 导线的宽度决定了导线的电阻值，而在同样大的电流下，导线的电阻值又决定了导线两端的电压降。

2.3.3　PCB 编辑环境

PCB 编辑环境主界面如图 2.3.2 所示，包括菜单栏、主工具栏、布线工具栏、编辑区、工作层切换工具栏、项目管理区等 6 个部分。

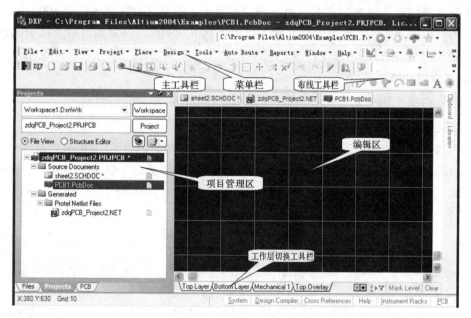

图 2.3.2　PCB 编辑环境主界面

1. 菜单栏

PCB 编辑环境下菜单栏的内容和原理图编辑环境的菜单栏类似，这里只简要介绍以下几个菜单的大致功能：

(1) "Design"：设计菜单，主要包括一些布局和布线的预处理设置和操作。如加载封装库、设计规则设定、网络表文件的引入和预定义分组等操作。

(2) "Tools"：工具菜单，主要包括设计 PCB 图以后的后处理操作。如设计规则检查、取消自动布线、泪滴化、测试点设置和自动布局等操作。

(3) "Auto Route"：自动布线菜单，主要包括自动布线设置和各种自动布线操作。

2. 主工具栏(Main Toolbar)

主工具栏主要为一些常见的菜单操作提供快捷按钮，如缩放、选取对象等命令按钮。

3. 布线工具栏(Placement Tools)

执行菜单命令"View"→"Toolbars"→"Placement"，显示布线工具栏。布线工具栏主要为用户提供各种图形绘制以及布线命令，如图 2.3.3 所示。

放　放　放　放　放　放　放
置　置　置　置　置　置　置
导　焊　过　圆　矩　敷　器
线　盘　孔　弧　形　铜　件
线　　　　　　　　区　封
条　　　　　　　　　　装

图 2.3.3　布线工具栏的按钮及其功能

4. 编辑区

编辑区是用来绘制 PCB 图的工作区域。启动后，编辑区的显示栅格为 1000 mil。编辑区下面的选项栏显示了当前已经打开的工作层，其中变灰的选项是当前层。几乎所有的放置操作都是相对于当前层而言，因此在绘图过程中一定要注意当前工作层是哪一层。

5. 工作层切换工具栏

工作层切换工具栏实现手工布线过程中根据需要在各层之间的切换。

6. 项目管理区

项目管理区包含多个面板，其中有三个在绘制 PCB 图时很有用，它们分别是"Projects"、"Navigator"和"Libraries"。"Projects"用于文件的管理，类似于资源管理器；"Navigator"用于浏览当前 PCB 图的一些当前信息，"Navigator"的对象有五类，项目浏览区内容如图 2.3.4 所示。

图 2.3.4　项目浏览区

2.3.4　PCB 文件的创建

PCB 文件的创建有两种方法：一种是采用向导创建，在创建文件的过程中，向导会提示用户进行 PCB 大小、层数等相关参数的设置；另外一种是直接新建 PCB 文件，采用默认设置或手动设置电路板的相关参数。

1. 使用 PCB 向导来创建 PCB 文件

(1) 如图 2.3.5 所示在 Files 面板底部的 New from template 单元单击"PCB Board Wizard..."创建新的 PCB 文件。如果这个选项没有显示在屏幕上，则点向上的箭头图标关闭上面的一些单元。

(2) 打开"PCB Board Wizard"对话框，如图 2.3.6 所示，看见的是介绍页，单击"Next"按钮继续。

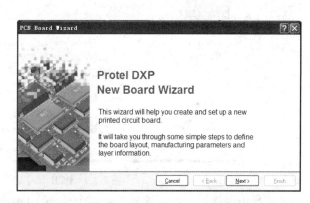

图 2.3.5　文件创建向导菜单　　　　图 2.3.6　向导创建 PCB 文件起始页

(3) 设置度量单位为英制(Imperial)，如图 2.3.7 所示，单击"Next"按钮继续。
注意：1000 mil = 1 inch = 2.54 cm。

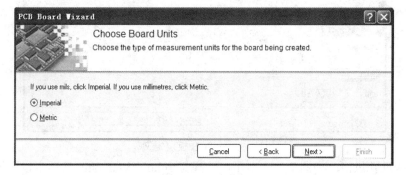

图 2.3.7　英制、公制选择

(4) 选择要使用的板轮廓，使用自定义的电路板尺寸，如图 2.3.8 所示从板轮廓列表中选择"[Custom]"，单击"Next"按钮继续。

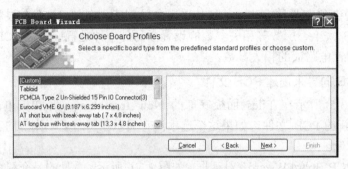

图 2.3.8   PCB 形状轮廓选择

(5) 进入自定义板尺寸选项。之前设计的振荡电路，定义一个 2 inch × 2 inch 的电路板就足够了。选择Rectangular并在Width和Height栏键入2000，取消选项Title Block and Scale、Legend String、Corner Cutoff 和 Inner CutOff 的勾选，如图 2.3.9 所示。单击"Next"按钮继续。

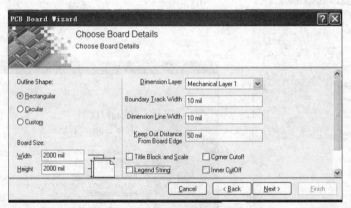

图 2.3.9   PCB 尺寸定义

(6) 选择电路板的层数。这里需要两个 Signal Layers(即 Top Layer 和 Bottom Layer)，如图 2.3.10 所示，不需要 Power Planes，单击"Next"按钮继续。

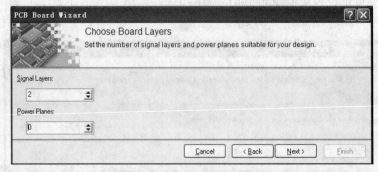

图 2.3.10   PCB 板层定义

(7) 选择过孔风格。如图 2.3.11 所示，选择 Thruhole Vias only 选项，设置过孔为通孔式，单击"Next"按钮继续。

图 2.3.11　过孔风格定义

(8) 选择电路板的主要元件类型。如图 2.3.12 所示，选择 Through-hole components 选项，设置以插脚元件为主，将相邻焊盘(pad)间的导线数设为 One Track，单击"Next"按钮继续。

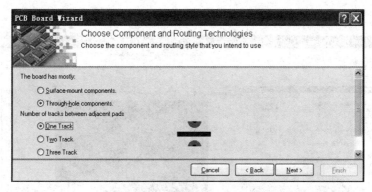

图 2.3.12　元件布线工艺选择

(9) 设置一些应用到电路板上的设计规则，如线宽、焊盘及内孔的大小、线的最小间距。如图 2.3.13 所示，采用默认值，单击"Next"按钮继续。

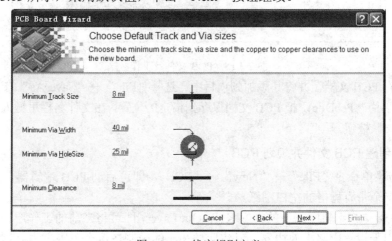

图 2.3.13　线宽规则定义

(10) 将自定义的电路板保存为模板，允许按输入的规则来创建新的电路板。这里选不将教程电路板保存为模板，确认该选项未被选择，单击"Finish"按钮关闭 PCB 向导，如图 2.3.14 所示。

图 2.3.14　PCB 向导定义 PCB 完成

（11）PCB 向导收集了它需要的所有信息来创建新电路板。PCB 编辑器将显示一个名为
PCB1.PcbDoc 的新 PCB 文件。PCB 文档显示的是一个默认尺寸的白色图纸和一个空白的电
路板形状(带栅格的黑色区域)，如图 2.3.15 所示，选择"View"→"Fit Board"将只显示电
路板形状。

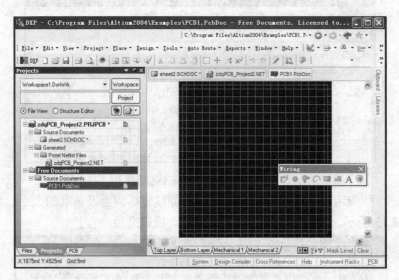

图 2.3.15　PCB 文件及工作区

（12）保存 PCB 文档，并将其添加到项目中。选择"File"→"Save As"将新 PCB 文件
重命名(扩展名为 *.PcbDoc)，把 PCB 文档保存到指定的位置，在文件名栏里键入 zdq.PcbDoc
并单击"Save"按钮。

2. 手动创建 PCB 文件并规划 PCB

（1）单击菜单命令"File"→"New"→"PCB"，即可启动 PCB 编辑器，同时在 PCB
编辑区出现一个带有栅格的空白图纸。

（2）用鼠标单击编辑区下方的标签 Keep-Out Layer，即可将当前的工作层设置为禁止布
线层，该层用于设置电路板的边界，以将元件和布线限制在这个范围之内。这个操作是必
需的，否则，系统将不能进行自动布线。

（3）启动放置线(Place Line)命令，绘制一个封闭的区域，规划出 PCB 的尺寸，线的属
性可以设置。

(4) 将新的 PCB 文件添加到项目中。如果想添加到项目的 PCB 文件是以自由文件打开的，在 Projects 面板的 Free Documents 单元右击 PCB 文件，选择"Add to Project"选项。这个 PCB 文件就出现在 Projects 标签紧靠项目名称的下面，并连接到项目文件，如图 2.3.16 所示。

图 2.3.16　增加 PCB 文件到项目中

2.3.5　PCB 设计环境的设置

1. PCB 层的说明及颜色设置

在 PCB 设计时执行菜单命令"Design"→"Board Layers and Colors"，可以设置各工作层的可见性、颜色等。如图 2.3.17 所示在 PCB 编辑器中有七种层：Signal Layers、Silkscreen Layers、Mechanical Layers、Mask Layers、Internal Planes、Other Layers、System。

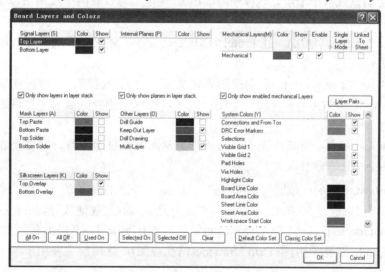

图 2.3.17　电路板层及颜色设置对话框

(1) Signal Layers (信号层)：包含 Top Layer、Bottom Layer，可以增加 Mid-Layer(对于多层板是需要的)。信号层是用来画导线或覆铜的(当然还包括 Top Layer、Bottom Layer 的 SMT 贴片器件的焊盘)。

(2) Silkscreen Layers (丝印层)：包含 Top Overlay、Bottom Overlay。丝印层主要用于绘制元件的外形轮廓、放置元件的编号或其他文本信息。在印制电路板上，放置 PCB 库元件时，该元件的编号和轮廓线将自动地放置在丝印层上。

(3) Mechanical Layers(机械层)：Protel DXP 中可以有 16 个机械层(Mechanical 1～16)。机械层一般用于放置有关制板和装配方法的指示性信息，如电路板物理尺寸线、尺寸标记、数据资料、过孔信息、装配说明等信息。

(4) Mask Layers(阻焊层、锡膏防护层)：包含两个阻焊层、两个锡膏防护层。

两个阻焊层分别是 Top Solder(顶层阻焊层)和 Bottom Solder(底层阻焊层)。阻焊层是负性的，在该层上放置的焊盘或其他对象是无铜的区域。通常为了满足制造公差的要求，生产厂家常常会要求指定一个阻焊层扩展规则，以放大阻焊层。对于不同焊盘的不同要求，在阻焊层中可以设定多重规则。

两个锡膏防护层分别是 Top Paste(顶层锡膏防护层)和 Bottom Paste(底层锡膏防护层)。锡膏防护层与阻焊层作用相似，但是当使用热对流技术来安装 SMD 元件时，锡膏防护层则主要用于建立阻焊层的丝印。锡膏防护层也是负性的，与阻焊层类似，也可以通过指定一个扩展规则，来放大或缩小锡膏防护层。对于不同焊盘的不同要求，也可以在锡膏防护层中设定多重规则。

(5) Internal Planes(内部电源/接地层)：Protel DXP 提供有 16 个内部电源/接地层(简称内电层)(Internal Plane 1～16)，内部电源/接地层专用于布置电源线和地线。放置在内部电源/接地层面上的走线或其他对象是无铜的区域，即这些工作层是负性的。每个内部电源/接地层都可以赋予一个电气网络名称，印制电路板编辑器会自动将这个层面和其他具有相同网络名称 (即电气连接关系)的焊盘，以预拉线的形式连接起来。在 Protel DXP 中还允许将内部电源/接地层切分成多个子层，即每个内部电源/接地层可以有两个或两个以上的电源，如+5 V 和 +15 V 等。

(6) Other Layers(其他层)：在 Protel DXP 中，除了上述的工作层面外，还有以下的工作层：

① Keep-Out Layer(禁止布线层)：用于定义元件放置的区域。通常，在禁止布线层上放置线段(Track)或弧线(Arc)来构成一个闭合区域，在这个闭合区域内才允许进行元件的自动布局和自动布线。

注意：如果要对部分电路或全部电路进行自动布局或自动布线，则需要在禁止布线层上至少定义一个禁止布线区域。

② Multi-Layer(多层)：该层代表所有的信号层，在它上面放置的元件会自动放到所有的信号层上，所以可以通过 Multi-Layer，将焊盘或穿透式过孔快速地放置到所有的信号层上。

③ Drill Guide(钻孔说明)/Drill Drawing(钻孔视图)：Protel DXP 提供有两个钻孔位置层，分别是 Drill Guide(钻孔说明)和 Drill Drawing(钻孔视图)，这两层主要用于绘制钻孔图和钻孔的位置。

Drill Guide 主要是为了与手工钻孔以及老的电路板制作工艺保持兼容，而对于现代的制作工艺而言，更多的是采用 Drill Drawing 来提供钻孔参考文件。一般在 Drill Drawing 工作层中放置钻孔的指定信息，在打印输出生成钻孔文件时，将包含这些钻孔信息，并且会产生钻孔位置的代码图。钻孔信息通常用于产生一个如何进行电路板加工的制图。

无论是否将 Drill Drawing 工作层设置为可见状态，在输出时自动生成的钻孔信息在 PCB 文档中都是可见的。

(7) System(系统工作层)主要包括以下工作层：

① DRC Error Makers(DRC 错误层)：用于显示违反设计规则检查的信息。当该层处于关闭状态时，DRC 错误在工作区图面上不会显示出来，但在线式的设计规则检查功能仍然会起作用。

② Connections and Form Tos(连接层)：该层用于显示元件、焊盘和过孔等对象之间的电气连线，比如半拉线(Broken Net Marker)或预拉线(Ratsnet)，但是导线(Track)不包含在内。当该层处于关闭状态时，这些连线不会显示出来，但是程序仍然会分析其内部的连接关系。

③ Pad Holes(焊盘内孔层)：当该层打开时，图面上将显示出焊盘的内孔。

④ Via Holes(过孔内孔层)：当该层打开时，图面上将显示出过孔的内孔。

⑤ Visible Grid 1(可见栅格 1)/Visible Grid 2(可见栅格 2)：这两项用于显示栅格线，通过执行菜单命令"Design"→"Options..."，在弹出的对话框中可以在 Visible 1 和 Visible 2 项中进行可见栅格间距的设置。

当打开新的电路板时会有许多用不上的可用层，可以关闭一些不需要的工作层，将不需要显示的层"Show"按钮不勾选就不会显示。对于上述的层，设计单面或双面板按照如图 2.3.17 所示的默认选项即可。

2. 布线板层的管理

选择"Design"→"Layer Stack Manager"选项打开 Layer Stack Manager 对话框，如图 2.3.18 所示。

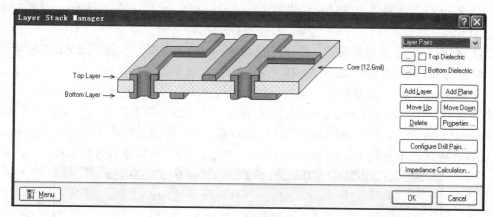

图 2.3.18　布线层管理器

(1) 增加层及平面。选择"Add Layer"添加新的层，新增的层和平面添加在当前所选择的层下面，可以选择 Move Up、Move Down 移动层的位置，层的参数在"Properties..."中设置，设置完成后单击"OK"关闭对话框。

(2) 删除层。选中要删除的层，按 Delete 键即可。

3. PCB 设计规则的设置

PCB 为当前文档时，从菜单选择"Design"→"Rules"，弹出 PCB Rules and Constraints Editor 对话框，如图 2.3.19 所示。在该对话框内可以设置电气检查、布线层、布线宽度等规则，每一类规则都显示在对话框的设计规则面板(左边)。双击"Routing"展开后可以看见有关布线的规则，双击"Width"显示宽度规则为有效，可以修改布线的宽度。

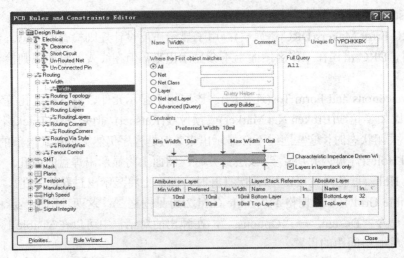

图 2.3.19　布线规则设计对话框

设计规则项有十项，其中包括 Electrical(电气规则)、Routing(布线规则)、SMT(表面贴装元件规则)等，大多的规则项选择默认即可，下面仅对常用的规则项简单说明：

(1) Electrical：设置电路板布线时必须遵守的电气规则，包括 Clearance(安全距离，默认 10 mil)、Short-Circuit(短路，默认不允许短路)、Un-Routed Net(未布线网络，默认未布的网络显示为飞线)、Un-Connected Pin(未连接引脚，显示为连接的引脚)。

(2) Routing：主要包括 Width(导线宽度)、Routing Layers(布线层)、Routing Corners(布线拐角)等。

① Width 有三个值可供设置，分别为 Max Width(最大宽度)、Preferred Width(预布线宽度)、Min Width(最小宽度)，如图 2.3.19 所示可直接对每个值进行修改。

② Routing Layers 主要设置布线板导线的走线方法，包括底层布线和顶层布线，共有 32 个布线层。对于双面板 Mid-Layer 1～30 都是不存在的，为灰色，只能使用 Top Layer 和 Bottom Layer 两层，对话框的右边为该层的布线方法，如图 2.3.20 所示，Top Layer 默认为 Horizontal(按水平方向布线)，Bottom Layer 默认为 Vertical(按垂直方向布线)。

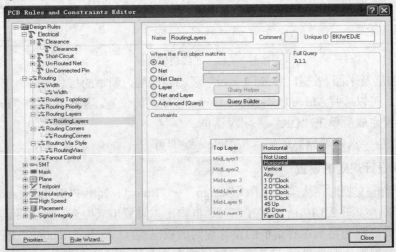

图 2.3.20　布线层选择对话框

对于单面板，要将 Top Layer 的布线方法选 Not Used(不用)，Bottom Layer 的布线方法选 Any(任意方向即可)。

③ Routing Corners 为布线的拐角设置，布线的拐角可以有 45°拐角、90°拐角和圆弧拐角，通常选 45°拐角。

2.3.6 原理图信息的导入

在将原理图信息转换到新的空白 PCB 之前，确认与原理图和 PCB 关联的所有库均可用。由于在本设计中只用到默认安装的集成元件库，所有封装也已经包括在内了。

1. 更新 PCB

将项目中的原理图信息发送到目标 PCB，在原理图编辑器中选择"Design"→"Import Changes FromzdqPCB_Project2"选项。弹出 Engineering Change Order(项目修改)对话框，如图 2.3.21 所示。

2. 发送改变

单击图 2.3.21 中"Execute Changes"按钮将改变发送到 PCB。完成后，状态变为完成(Done)。如果有错，则需修改原理图后重新导入。

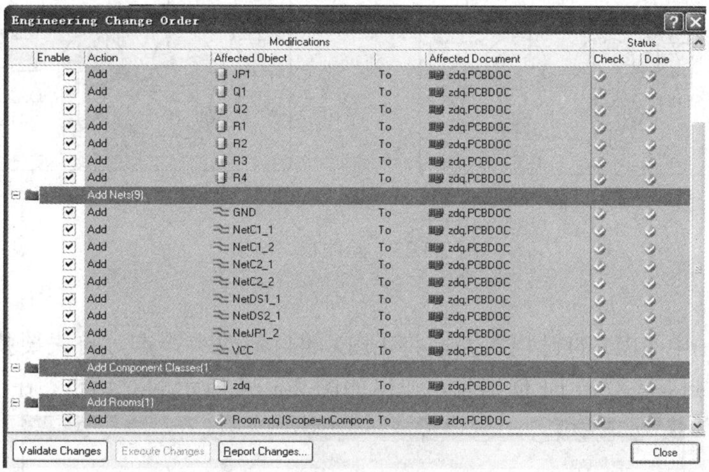

图 2.3.21 项目修改对话框

3. 完成导入

单击图 2.3.21 中"Close"按钮，目标 PCB 打开，元件也在 PCB 上，以准备放置。如果在当前视图不能看见元件，使用快捷键 V、D 查看文档，结果如图 2.3.22 所示。

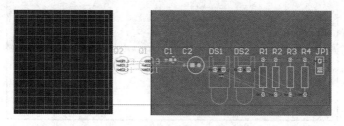

图 2.3.22 原理图导入 PCB

2.3.7　元件的布局及封装的修改

元件导入 PCB 后就可以进行布局了。元件布局有自动和手动两种方法。

1. 自动布局

选择主菜单命令"Tools"→"Auto Placement"→"Auto Placement..."进行自动布局。为保证电路的可读性，一般不选用自动布局。

2. 手动布局

放置连接器 JP1。将光标放在 JP1 轮廓的中部上方，按下鼠标左键不放，光标会变成一个十字形状并跳到元件的参考点。不要松开鼠标左键，移动鼠标拖动元件(确认整个元件仍然在 PCB 边界以内)，元件定位好后，松开鼠标将其放下。

放置其余的元件。当拖动元件时，如有必要，使用空格键来旋转放置元件，元件文字可以用同样的方式来重新定位，按下鼠标左键不放来拖动文字，按空格键旋转。布局后的结果如图 2.3.23(a)所示。

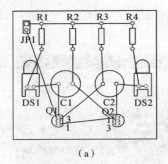 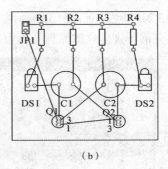

（a）　　　　　　　　　　　　　　（b）

图 2.3.23　元件布局结果

3. 修改封装

图 2.3.23(a)中 LED 的封装太大，将 LED 的封装改小一点，首先要找到一个小一些的 LED 类型的封装。双击 LED 器件，弹出如图 2.3.24 所示的对话框，在 Footprint 栏中，

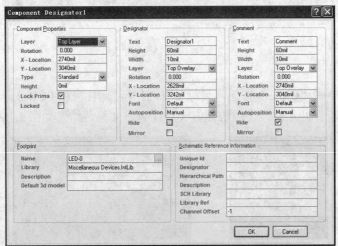

图 2.3.24　元件封装属性对话框

看到 Name 选项，单击 Name 浏览框，弹出如图 2.3.25 所示的对话框，在 Mask 栏中输入"led*"，可以发现 LED-1 就是需要的封装。选中 LED-1，单击"OK"，关闭如图 2.3.25 所示对话框，单击"OK"关闭如图 2.3.24 所示对话框。按照此方法修改另一个发光二极管和封装，修改后的结果如图 2.3.23(b)所示。

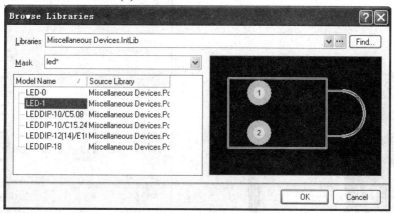

图 2.3.25　项目修改对话框

4. 修改焊盘

元件封装自带的焊盘，通常较小，为满足学生自行完成电路设计、制板工艺技术要求，如热转印、感光板等工艺，焊盘通常要改大一些。在图 2.3.23 中选中一个焊盘双击，弹出焊盘属性对话框如图 2.3.26 所示，可修改该焊盘的大小。

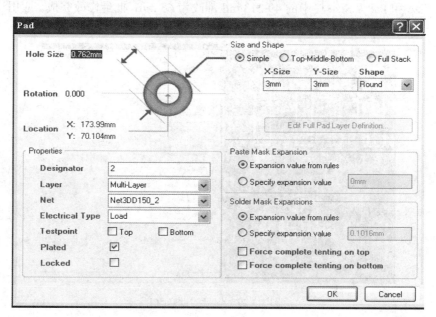

图 2.3.26　焊盘修改对话框

还可以通过批处理操作实现更多焊盘和线条的修改。下面以某一个焊盘为例，批处理修改和它一样大的焊盘。

选中一个焊盘，单击鼠标右键，弹出如图 2.3.27 所示的快捷菜单，单击"Find Similar

Objects...",弹出如图 2.3.28 所示对话框。

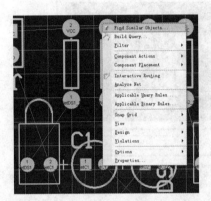

图 2.3.27　批修改焊盘

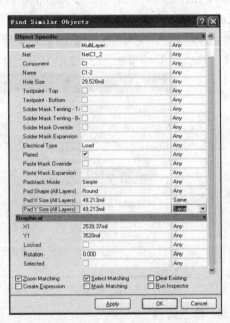

图 2.3.28　批处理元件设置对话框

　　按如图 2.3.28 所示设定选择条件,如焊盘大小选择 Same,勾选 Select Matching 等,单击 "OK",大小一样的焊盘都被选中。按 F11 键,弹出如图 2.3.29 所示的 Inspector 对话框,将 Pad X Size 和 Pad Y Size 栏中的 49.213 mil 都改为 65 mil,批量修改完成。应用该方法还可实现更多修改。

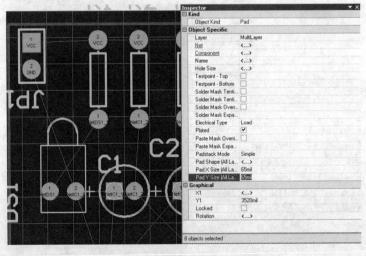

图 2.3.29　焊盘的批修改

2.3.8　布线

　　布线就是放置导线和过孔在 PCB 上将元件连接起来。布线的方法有自动布线和手工布线两种,通常使用的方法是两者的结合,先自动布线再手工修改。

1. 自动布线

(1) 从菜单栏选择"Auto Route"→"All"，弹出如图 2.3.30 所示对话框，单击"Route All"，软件便完成自动布线，结果如图 2.3.31 所示。

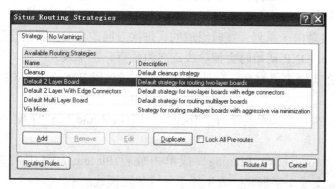

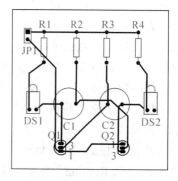

图 2.3.30　布线策略对话框　　　　　　　　　　　图 2.3.31　自动布线结果

(2) 选择菜单命令"File"→"Save"保存设计的电路板。

注意：自动布线所放置的导线有两种颜色：红色表示导线在板的顶层信号层，蓝色表示导线在底层信号层。自动布线所使用的层是由 PCB 向导设置的 Routing Layers 设计规则所指明的。注意到连接到连接器上的两条电源网络导线要粗一些，这是由所设置的两条新的 Width 设计规则所指明的。

(3) 单面布线。因为最初在 PCB 向导中将板定义为双面板，所以可以使用顶层和底层手工将板布线为双面板。如果要将板设为单面板则要从菜单栏选择"Tools"→"Un-Route"→"All"取消板的布线。

对于本章示例的电路采用单面布线，选择菜单命令"Design"→"Rules"→"Rounting Layer"弹出对话框如图 2.3.32 所示，将 Top Layer 设置为 Not Used，将 Bottom Layer 设置为 Any，单击"Close"即可。从菜单栏选择"Auto Route"→"All"，重新自动布线，布线结果如图 2.3.33 所示。

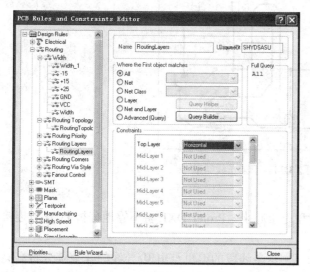

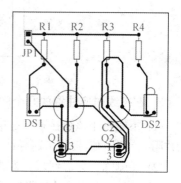

图 2.3.32　单层板布线层设置　　　　　　　　　　图 2.3.33　单面板布线结果

2. 手工布线

尽管自动布线提供了一个容易且强大的布线方式，但仍然需要去控制导线的放置状况，可以对板的部分或全部进行手工布线。下面要将整个板作为单面板来进行手工布线，所有导线都在底层。Protel DXP 提供了许多有用的手工布线工具，使得布线工作非常容易。

在 Protel DXP 中，PCB 的导线是由一系列直线段组成的，每次方向改变时，新的导线段也会开始。在默认情况下，Protel DXP 初始时会使导线走向为垂直、水平或 45°角。这项操作可以根据需要自定义，但在实例中仍然使用默认值。手工布线可用 Wiring 工具栏，也可用菜单命令。

如果想清除之前自动布线的结果，在菜单栏选择"Tools"→"Un-Route"→"All"取消板的布线。

从菜单栏选择"Place"→"Interactive Routing"或单击放置(Placement)工具栏的"Interactive Routing"按钮，光标变成十字形状，表示处于导线放置模式。

检查文档工作区底部的层标签，Top Layer 标签当前应该是被激活的。按数字键盘上的 * 键可以切换到 Bottom Layer 而不需要退出导线放置模式，这个键仅在可用的信号层之间切换。现在 Bottom Layer 标签应该被激活了。

将光标放在连接器 1 号焊盘上，单击鼠标左键固定导线的第一个点，移动光标到电阻 R1 的 2 号焊盘，单击鼠标左键，蓝色的导线已连接在两者之间。继续移动鼠标到 R2 的 2 号引脚焊盘，单击鼠标左键，移动鼠标到 R3 的 2 号引脚焊盘，单击鼠标左键，蓝色的导线连接了 R2、R3，继续移动鼠标到 R4 的 2 号引脚焊盘，单击鼠标右键，完成了第一个网络的布线。右击或按 Esc 键结束这条导线的放置。

按上述步骤类似的方法来完成电路板上剩余的布线，结果如图 2.3.34 所示，最后保存设计文件。

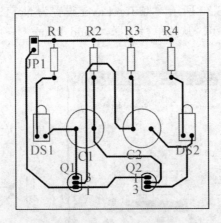

图 2.3.34　手工布线结果

3. 在布线时应注意的几个问题

(1) 不能将不该连接在一起的焊盘连接起来。Protel DXP 将不停地分析 PCB 的连接情况并阻止错误的连接或跨越导线。

(2) 要删除一条导线段，左击选择，这条线段的编辑点出现(导线的其余部分将高亮显示)，按 Delete 键删除被选择的导线段。

(3) 重新布线在 Protel DXP 中是很容易的，只要布新的导线段即可，在新的连接完成后，旧的多余导线段会自动被移除。

(4) 在完成 PCB 上所有的导线放置后，右击或按 Esc 键退出放置模式，光标会恢复为一个箭头。

2.3.9　PCB 设计的检查

Protel DXP 提供一个规则管理对话框来设计 PCB，并允许用户定义各种设计规则来保证 PCB 图的完整性。比较典型的是，在设计进程的开始就设置好设计规则，在设计进程的最后用这些规则来验证设计。

为了验证所布线的电路板是否符合设计规则，要运行设计规则检查(Design Rule Check，DRC)。从菜单栏选择"Design"→"Board Layers"，在弹出的对话框中，确认 System Colors 单元 DRC Error Markers 选项旁的 Show 选项被勾选，如图 2.3.35 所示，这样 DRC Error Markers 就会显示出来。

图 2.3.35　选择 DRC 检验

从菜单栏选择"Tools"→"Design Rule Checker"，在 Design Rule Checker 对话框中已经选中了 on-line 和一组 DRC 选项。点一个类可查看其所有原规则。保留所有选项为默认值，单击"Run Design Rule Check"按钮，DRC 将运行，其结果将显示在 Messages 面板，如图 2.3.36 所示。检验无误后即完成了 PCB 设计，准备生成输出文档。

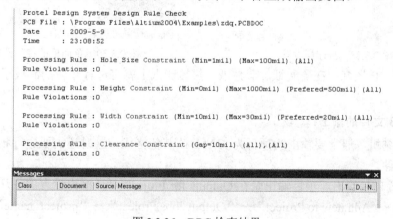

图 2.3.36　DRC 检查结果

2.3.10　PCB 图的打印及文件输出

1. PCB 图的打印

(1) 基本设置。执行菜单命令"File"→"Page Setup"，弹出 PCB Print Properties 对话框，如图 2.3.37 所示，在对话框中可设置纸张、纸的纵横打印、打印比例、打印图的位置、颜色等。

(2) 预览。执行菜单命令"File"→"Print Previews"可以预览打印结果。

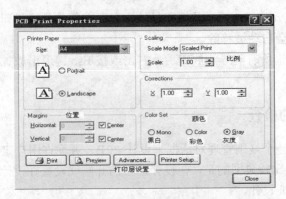

图 2.3.37　打印设置对话框

(3) 打印层的设置。根据实际需要设置打印层，比如想通过热转印或感光工艺制板时，只需要一部分层(Bottom Layer、Keep-Out Layer、Multi-Layer)，即可进行打印层的设置。Top Layer 需要镜像、焊盘的过孔是否现实打印也在此设置。在 PCB Print Properties 对话框中单击"Advanced..."，可设置打印输出层如图 2.3.38 所示。

感光纸打印单面板图则留下 Bottom Layer 、Keep-Out Layer、Multi-Layer 即可。执行菜单命令"File"→"Print Previews"可以预览打印结果如图 2.3.39 所示。

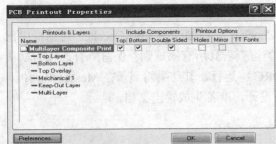

图 2.3.38　打印层设置

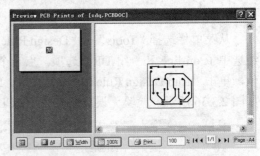

图 2.3.39　单面板的打印预览

(4) 将 PCB 图打印在硫酸纸、菲林纸、热转印纸上就可进行相应的制板了，PCB 设计结束。

2. PCB 文件的输出

对于雕刻机等通常要输出的项目为 CAM 或其他格式，这时还需要进行相关的设置，输出对应文件。

(1) 设置项目输出。项目输出是在 Outputs for Project 对话框内设置的。从菜单栏选择"Project"→"Add new to Project"→"Output Jobs Project"→"project_name"，在弹出的对话框中对输出的路径、类型进行设置，完成设置后单击"Close"。

(2) 要根据输出类型将输出发送到单独的文件夹，从菜单栏选择"Project"→"Project Options"，在弹出的对话框中单击 Options 标签，如图 2.3.40 所示，勾选 Use separate folder for each output type 选项，最后单击"OK"。

(3) 生成输出文件。PCB 设计进程的最后阶段是生成生产文件。用于制造和生产 PCB 的文件组合包括底片(Gerber)文件、数控钻(NC drill)文件、插置(pick and place)文件、材料表和测试点文件。输出文件可以通过"File"→"Fabrication Outputs"菜单的单独命令来设置。生成文档的设置作为项目文件的一部分保存。

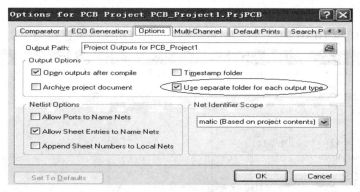

图 2.3.40　PCB 输出属性设置

(4) 生成 PCB 材料清单。要创建材料清单，先要设置报告。从菜单栏选择"Project"→"Output Jobs"，弹出 Project 对话框，在对话框中选择 Report Outputs 单元的 Bill of Materials 选项，单击"Create Report"，生成材料报告对话框如图 2.3.41 所示。在这个对话框中，可以在 Visible 和 Hidden Column 通过拖拽列标题来为 BOM 设置需要的信息，单击"Report..."显示 BOM 的打印预览。这个预览可以使用 Print 按钮来打印或使用 Export 按钮导出为一个文件格式，如 Microsoft Excel 的 *.xls 文件格式，关闭对话框。至此完成了 PCB 设计的整个进程，可以按照工艺进行 PCB 制作及装配了。

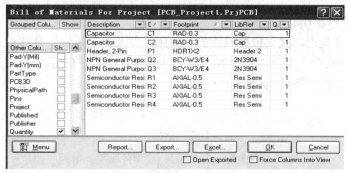

图 2.3.41　材料清单

2.4　Protel DXP 库的建立与元件制作

在 Protel DXP 中，虽然提供了大量的元件库，但在实际应用中，还需要制作需要的元件。Protel DXP 支持多种格式的元件库文件，如 *.SCHLIB(原理图元件库)、*.PcbLib(封装库)、*.IntLib(集成元件库)。建立元件库与制作元件可使用元件库编辑器来完成。

2.4.1　创建原理图元件库

1. 启动元件库编辑器

执行菜单命令"File"→"New"→"Schematic Library"，新建一个原理图元件库文件

(默认文件名为 SchLib1.SCHLIB)，可同时启动库文件编辑器。可以通过执行菜单命令"File"
→"Save"重命名库文件，在该库文件内将自动创建名称为 Component_1 的空白元件图纸。

新建 myself. SCHLIB 的原理图元件库文件，出现元件编辑窗口如图 2.4.1 所示。

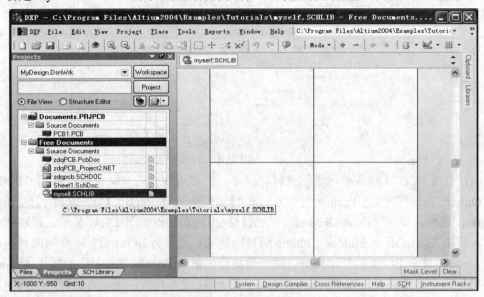

图 2.4.1　元件编辑窗口

2. 创建一个新元件

以创建一个 4 位七段共阳极数码管的原理图元件及封装为例，具体操作步骤如下：

(1) 执行菜单命令"Tools"→"New Component"，在当前打开的库文件内创建一个新
元件。利用如图 2.4.2 所示的绘图工具栏进行元件的绘制，先绘制一个矩形，矩形的大小可
以根据需要调整。

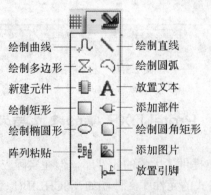

图 2.4.2　元件绘制工具栏

注意：绘制元件时，一般元件均是放置在坐标系的第四象限，而象限的交点(原点)为
元件的基准点。

(2) 添加引脚。执行菜单命令"Place"→"Pins"，或直接单击绘图工具栏(Sch Lib Drawing)
上的放置引脚(Place Pins)工具，光标变为"×"字形并附带一个引脚，该引脚靠近光标的
一端为非电气端(对应引脚名)，该端应放置在元件的边框上，如图 2.4.3 所示。

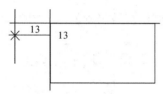

图 2.4.3　放置引脚

(3) 编辑引脚的属性。双击要修改的引脚，弹出引脚属性对话框如图 2.4.4 所示，可对 Designator(引脚标号)、Display Name(名称)等属性进行修改。Electrical Type(电气类型)选项，用来设置引脚的电气属性，此属性在进行电气规则检查时将起作用(如 Output 类型的引脚不能直接接电源端，如果发现则提示错误)。

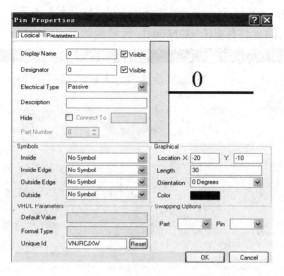

图 2.4.4　编辑引脚属性

说明：使用反斜杠 "\\" 可以给引脚名添加取反号，如输入 "P3.2/I\\N\\T\\0\\"，则引脚上将显示 "P3.2/$\overline{\text{INT0}}$"；在放置引脚的过程中，可以按空格键改变引脚的放置方向。

管脚的显示与隐藏：通常在原理图中会把电源引脚隐藏起来，所以绘制电源引脚时将其属性设置为 Hidden(隐藏)，电气类型设置为 Power。

(4) 通过画图增加一些原理标识可提高元件的可读性。对于某些图形，可通过执行菜单命令 "Tool" → "Document Option" 设置鼠标步进、可视网格等，如图 2.4.5 所示，使得画出来的图形位置更加恰当。

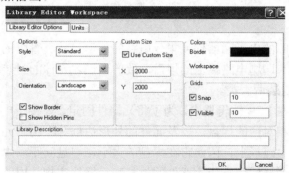

图 2.4.5　修改步进网格

(5) 画出一个4位一体七段共阳极数码管的原理图，如图2.4.6所示。

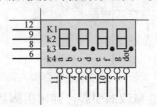

图2.4.6　4位一体数码管原理图

(6) 设置元件属性参数。每个元件都有与其相关联的属性，如默认标识、PCB 封装、仿真模块以及各种变量等。打开 Sch Library 面板，从元件列表内选择要编辑的元件，单击"Edit"按钮，显示 Library Component Properties(元件属性)对话框，如图 2.4.7 所示。在 Designator 栏输入默认的元件标识；在 Models 区域为该元件添加 PCB 封装及元件的描述。

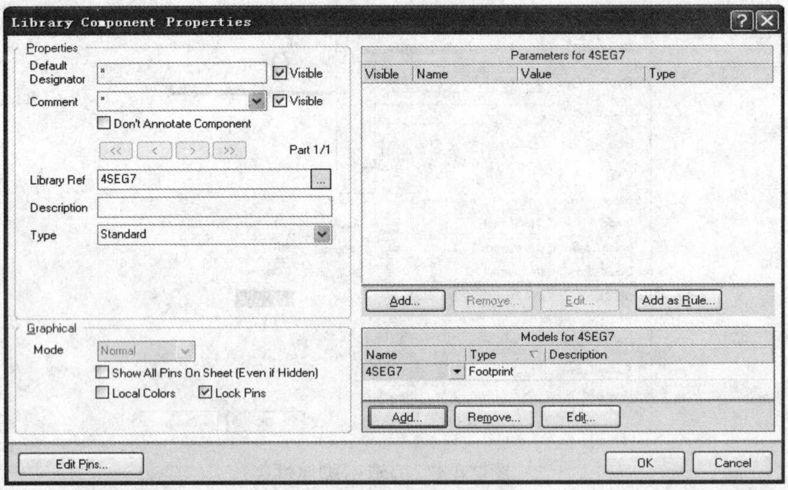

图2.4.7　元件属性对话框

为元件增加封装，还可以通过单击"Add..."增加，本实例加入了后来制作的 4SEG7 封装。

(7) 保存绘制的元件。执行菜单命令"Tools"→"Rename Component"，给元件命名；执行菜单命令"File"→"Save"，保存对库文件的编辑。

2.4.2　创建 PCB 元件库

1. 元件封装

元件封装是指实际的电子元器件或集成电路的外形尺寸、管脚的直径及管脚间的距离等，它是使元件管脚和印刷电路板上的焊盘一致的保证。元件的封装可以分成针脚式封装和表面粘装式(SMT)封装两大类。

元件封装一般指在 PCB 编辑器中，为了将元器件固定、焊接于电路板上而绘制的与元器件管脚距离、大小相对应的焊盘，以及元件的外形边框等。由于元件封装的主要作用是将元件固定、焊接在电路板上，因此它在焊盘的大小、焊盘间距、焊盘孔径大小、管脚的次序等参数上有非常严格的要求。元器件的封装和元器件实物、电路原理图元件管脚序号三者之间必须保持严格的对应关系，为了制作正确的封装，必须参考元件的实际形状，测量元件管脚距离、管脚粗细等参数。

元件封装编号的含义：元件类型 + 焊盘距离(焊盘数) + 元件外形尺寸。例如电阻的封装编号为 AXIAL-0.4，表示此元件封装为轴状，两焊盘间的距离为 400 mil(100 mil = 0.254 mm)；RB7.6-15 表示极性电容类元件封装，引脚间距为 7.6 mm，元件直径为 15 mm；DIP-4 表示双列直插式元件封装，有 4 个焊盘引脚，两焊盘间的距离为 100 mil。

对于一种新的器件，可能在 PCB 文件中找不到合适的封装，这就需要设计相应的封装图形。有两种方法创建元件封装：一种是采用手工绘制的方法，操作较为复杂，适合制作外形和管脚排列较为复杂的元件封装；另一种是利用向导的方法制作，该方法操作较为简单，适合于外形和管脚排列比较规范的元件。

2. 手动创建元件封装

(1) 新建 PCB Library 文件。同原理图元件库一样，要在元件工程文件内增加一个 PCB Library 文件，命名为 Myself.PcbLib。

(2) 执行"Tools"→"New Component"命令，建立一个新元件封装，但不是使用向导，即在弹出的对话框中单击"Cancel"按钮，进入手动创建元件封装。

(3) 在绘制前必须保证 Top Overlay(顶层丝印层)为当前层。

(4) 按"Ctrl + End"键，使编辑区中的光标回到系统的坐标原点。

(5) 放置焊盘(Pad)，注意焊盘的距离和属性。在创建元件封装时，焊盘之间的相对距离及其形状非常重要，否则新创建的元件封装将无法使用，所以焊盘属性设置对话框中的"Location X/Y"、"Shape"等项常需要输入精确的数值。习惯上 1 号焊盘布置在(0，0)位置，形状为方形，其他组件根据实际的尺寸布置它的相对位置。同时焊盘直径和孔径都要设置精确。

如图 2.4.8 所示焊盘属性对话框，4 位七段数码管的水平引脚间距为 500 mil，则对应间距为 500 mil，放置时按该间距直接放置即可，对于垂直引脚间距为公制 10 mm，转化为英制则为 393.7 mil，则需要通过设置焊盘属性修改。

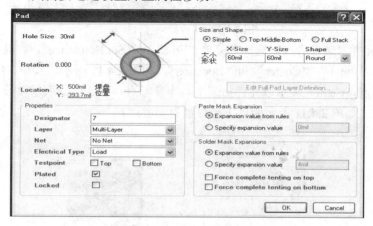

图 2.4.8 焊盘属性编辑

放置一行或一列多个焊盘时，如果每个都修改，则比较麻烦。选中焊盘 7，先单击复制图标，再单击多个粘贴图标，弹出如图 2.4.9 所示对话框，设置粘贴的数量，水平距离即可增加多个焊盘。图 2.4.9 为粘贴 5 个焊盘的设置，焊盘标号依次增加 1，焊盘自右向左排列，设置完成后，点焊盘 7，即可完成粘贴。根据需要修改焊盘的大小。

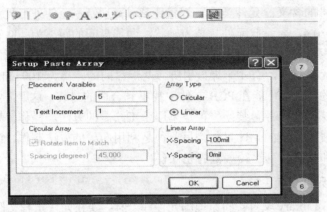

图 2.4.9　自动放置多个焊盘

(6) 绘制外形轮廓。在顶层丝印层(Top Overlay)，使用放置导线工具，绘制元件封装的外形轮廓，封装的外形轮廓要和实物的大小尽量相同，但不像焊盘距离那样高度精确。元件外形轮廓与将来在电路板中所占的位置有关，轮廓太小将来可能多个器件重叠放不下，如果太大，浪费空间和电路板，可增加一些图示增强易读性。4 位七段数码管实物大小约为：长 3 cm(1200 mil)，宽 1.3 cm(520 mil)，其元件封装结果如图 2.4.10 所示。

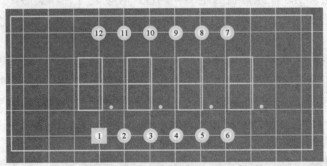

图 2.4.10　4 位数码管封装

(7) 设置元件封装参考点。选择主菜单 "Edit" → "Set Reference"，在其子菜单中，有三个选项，即 "Pin 1"、"Center" 和 "Location"，如图 2.4.11 所示。其中，Pin 1 表示以 1 号焊盘为参考点，Center 表示以元件封装中心为参考点，Location 表示以设计者指定一个位置为参考点。如图 2.4.11 所示为以 1 号焊盘为参考点。

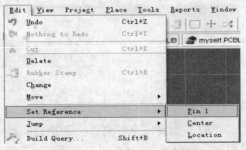

图 2.4.11　设置封装参考点

(8) 存盘。在创建新的元件封装时，系统自动给出默认的元件封装名称"PCBCOMPONENT-1"，并在元件管理器中显示出来。选择主菜单"Tools"→"Component Properties"命令后，出现如图 2.4.12 所示对话框，在"Name"框中输入元件封装名称，单击"OK"关闭对话框。

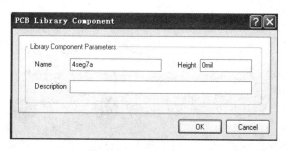

图 2.4.12　保存封装

3. 向导创建元件封装

通过创建一个 0.8 inch(即 800 mil)间距的电阻封装为例，说明利用向导创建元件封装的过程。

(1) 单击菜单命令"Tools"→"New Component"，或者在 PCB 元件库管理器面板的 Component 区域单击鼠标右键，出现快捷菜单，选择"Component Wizard..."命令，都可以启动向导，如图 2.4.13 所示。按向导提示进行即可。

图 2.4.13　向导创建封装

(2) 在器件类别框内选择 Resistor(电阻)，单位选择 Imperial(mil)(英制)，如图 2.4.14 所示，单击"Next"。

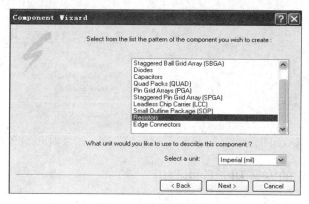

图 2.4.14　封装类别设定

(3) 如图 2.4.15 所示，修改引脚间距为 800 mil，单击 "Next"。

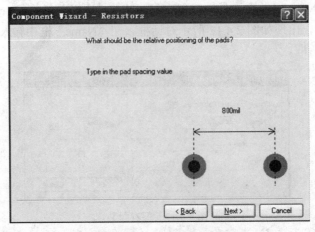

图 2.4.15　焊盘距离设定

(4) 将元件命名为 Axial 0.8，如图 2.4.16 所示，基本完成封装创建，单击 "Next"。

图 2.4.16　封装命名

(5) 在新的对话框内单击 "Finish"，完成结果如图 2.4.17 所示，PCB 封装制作完成。

对原理图元件库、PCB 封装库内的元件管理。打开原理图元件库、PCB 封装库文件后，如图 2.4.18 所示可通过 Tools 菜单进行增加、删除、重命名、浏览元件或封装。

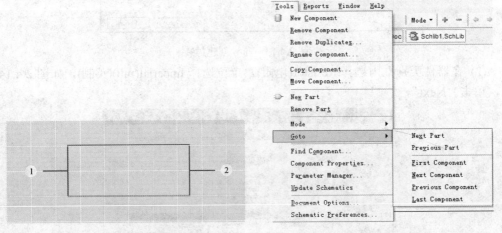

图 2.4.17　Axial 0.8 封装　　　　　　　　图 2.4.18　元件的管理

2.4.3　自建元件库的安装和元件的调用

要使用自己制作的元件或封装，就要将其加入元件库。

(1) 选择主菜单下的"Design"→"Add/Remove Library"选项，弹出库管理对话框，如图 2.4.19 所示。要安装库，单击"Install..."，找到库文件加入即可；要删除库，先选中库，单击"Remove"即可。

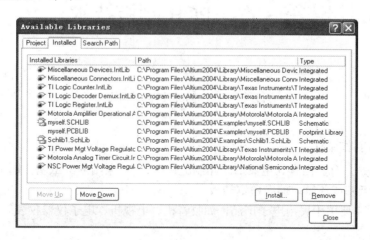

图 2.4.19　元件库的安装或删除

(2) 选择主菜单下的"Design"→"Browse"选项，或单击主窗口右侧的 Library 工具栏，选择添加的 myself.SCHLIB 元件库，就可以看到如图 2.4.20 所示的 4SEG7 器件，在设计时就可以使用了。

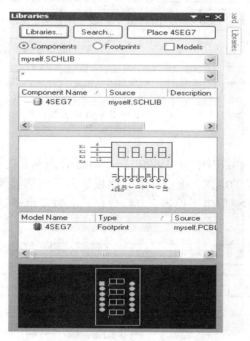

图 2.4.20　四位数码管封装的调用

第 3 章 PCB 制板技术

3.1 PCB 制作流程

1. 单面板制作流程

单面 PCB 是只有一面有导电图形的印制电路板，一般采用酚醛纸基覆铜箔板制作而成，也常采用环氧纸基或环氧玻璃布覆铜箔板。

单面 PCB 主要用于民用电子产品，如收音机、电视机、电子仪器仪表等。其生产工艺流程如图 3.1.1 所示。

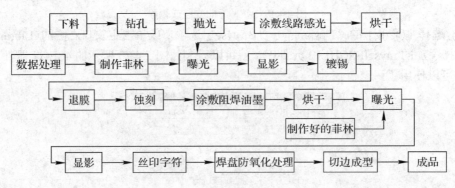

图 3.1.1 单面 PCB 制作流程图

2. 双面板制作流程

双面 PCB 是两面都有导电图形的印制电路板。显然，双面板的面积比单面板大了一倍，适合用于比单面板更复杂的电路。双面印制电路板通常采用环氧玻璃布覆铜箔板制成，它主要用于性能要求较高的通信电子设备、高级仪器仪表以及电子计算机等。其生产工艺流程如图 3.1.2 所示。

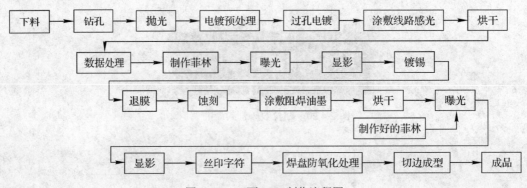

图 3.1.2 双面 PCB 制作流程图

3.2 PCB 制作过程分步工艺介绍

3.2.1 钻孔工艺介绍

数控钻孔是根据计算机所提供的数据按照人为规定进行钻孔。在进行钻孔时，必须严格地按照工艺要求进行。当采用底片进行编程时，要对底片孔位置进行标注(最好用红蓝笔)，以便于进行核查。

1. 准备作业

(1) 根据基板的厚度进行叠层(通常采用 1.6 mm 厚基板)，叠层数为三块。

(2) 按照工艺文件要求，先将冲好定位孔的盖板、基板按顺序进行放置，并固定在机床上规定的部位，再用胶带固定四边，以免移动。

(3) 首先按照工艺要求找原点，以确保所钻孔的精度要求，然后进行自动钻孔。

(4) 在使用钻头时要检查直径数据，避免用错。

(5) 对所钻孔径大小、数量应做到心里有数。

(6) 确定工艺参数，如转速、进刀量、切削速度等。

(7) 在进行钻孔前，应先将机床运转一段时间，再进行正式钻孔作业。

2. 检查项目

要确保后续工序的产品质量，就必须将钻好孔的基板进行检查，其中需要检查的项目如下：

(1) 检查毛刺、测试孔径、孔偏、多孔、孔变形、堵孔、未贯通、断钻头等。

(2) 对孔径种类、孔径数量、孔径大小进行检查。

(3) 最好采用胶片进行验证，易发现有无缺陷。

(4) 根据印制电路板的精度要求，进行 X-RAY 检查以便观察孔位对准度，即外层与内层孔(特别对多层板的钻孔)是否对准。

(5) 采用检孔镜对孔内状态进行抽查。

(6) 对基板表面进行检查。

(7) 对于检查漏钻孔或未贯通孔，采用在基板底部照射光，将重氮片覆盖在基板表面上，如发现重氮片上有焊盘的位置因无孔而不透光，就可检查出存在的缺陷。当检查多钻孔、错位孔时，将重氮片覆盖在基板表面上，如果发现重氮片上没有焊盘的位置透光，就可检查出存在的缺陷。

(8) 对于偏孔、错位孔，可以采用底片检查，这时重氮片上焊盘与基板上的孔无法对准。

3.2.2 钻孔设备的工作及操作过程

1. HW 系列双面线路板制作机概述

HW 系列双面线路板制作机包括 HW-170、HW-175、HW-180、HW-185、HW-190

双面机和 HW195 专业机。HW 系列产品根据 Protel DXP 生成的 PCB 文件自动、快速、精确地制作单、双面印制电路板。与进口线路板制作机相比，HW 系列双面线路板制作机具有极高的性价比。用户只需在计算机上完成 PCB 文件设计，并将其通过 RS-232 串行通讯口(手提电脑通过 USB 转 RS-232 转换线)传送给制板机(即线路板制作机)，制板机能快速地自动完成雕刻、钻孔、铣边等全系列操作。无限次的软件升级、配套的化学沉铜设备(金属化过孔用)等，使得制板机配套设备灵活多样，真正实现了低成本、高效率的自动化制板。该设备体积小，操作极其简单，可靠性高，是高等院校电子、机电、计算机、控制、仪器仪表等相关专业实验室、电子产品研发企业及科研院所、军工机构等行业的理想工具。

1) 功能介绍

HW 系列双面线路板制作机是一种集机电、软件、硬件相结合的高新科技产品。它利用物理雕刻技术，通过计算机精确控制，在空白的覆铜板上把不必要的铜箔铣去，形成用户定制的线路板，它使用简单，精度高，省时、省料。

HW 系列双面线路板制作机具有一套专业线路板制作系统，直接利用 Protel DXP 的 PCB 文件信息，无需经过转换，直接输出 PCB 雕刻数据，控制制板机自动完成雕刻、钻孔、切边等工作。

2) 本机结构

电子线路板制作机由软件系统和硬件系统构成，主要框图如图 3.2.1 所示。

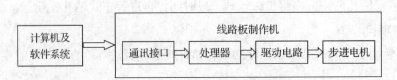

图 3.2.1　线路板制作机的系统结构

2. 线路板制作机的工作过程

首先，把空白覆铜板固定在工作台上，打开需雕刻的 PCB 文件，打开电源，调整好加工原始位置，并在计算机上按"雕刻"命令(具体操作见产品说明书)。

根据设计好的 PCB 文件，计算机自动计算出刀具运动的最佳路线，经转换后分解成相应的一条条指令，通过 RS-232 或 USB 转 RS-232 通讯接口把指令传送给线路板制作机。线路板制作机的主控电路根据计算机指令，通过 CPU 主处理器高速运算，输出精确的步进脉冲，协调并控制三只步进电机做相应的左转或右转，通过同步齿带带动主轴、工作台运动使刀具相对于线路板运动，完成指令后向计算机发送指令完成信号。

主轴电机高速旋转，根据所设计的线路板文件的要求，经过机器的自动钻孔，就形成了钻好孔的线路板(裸板)。

3. 关于空白线路板

空白线路板是在绝缘基体上粘贴覆盖一层导电的铜(绝缘基体的材质有所不同，有胶木板、玻璃纤维板、环氧板、纸板等；铜箔的表面厚度也有所不同，为 0.05~0.18 mm)，可按照设计要求选择不同的板材和铜箔厚度。从基本原理上看，制作一张线路板的过程，就是利用铣刻的原理，把线路板上不必要部分铣去。这一过程跟传统的雕刻过程相似，区别在于传统物理制板利用手工雕刻，而制板机则利用计算机高速运算让机器自动完成。

4. 组合运动控制

在线路板制作机中，三条互相独立的直线运动导轨互相垂直安装。Y 轴滑车带动工作平台前后运动；X 轴滑车带动 Z 轨及安装在 Z 轨上的主轴电机左右运动；Z 轴滑车带动主轴电机上下运动。三个轴在 CPU 的协调控制下，使主轴带动高速旋转的刀具相对于工件(线路板)做三维空间运动，从而把工件加工成符合用户要求的成品。

例如，当 Z 轴静止且刀尖稍微底于线路板表面时，Y 轴静止、X 轴移动，此时主刀具将在线路板上刻出一条 X 方向的直线，宽度相当于刀具的刀尖宽度。当 X 轴静止、Y 轴移动时，主刀具将在 Y 方向上刻出一条直线。当 X、Y 轴同时运动，且速度相同时，刀具将在线路板上刻一条 45° 的斜线。控制 X、Y 轴分别处于不同的运动速度，可在平面上刻出不同角度的直线；控制运动距离，通过各种组合可以在平面上刻出不同的形状。

当 Z 轴静止且刀尖高于线路板表面时，主轴刀尖将通过 X、Y 轴的运动移动到需要雕刻的点。

当 X、Y 轴静止，Z 轴向下移动接触到线路板表面时，主轴电机带动钻头在线路板当前位置上钻孔。

5. 微调

HW 系列线路板制作机主控面板上提供主轴刀尖与覆铜板表面高度"升"、"降"微调和试雕功能，向左旋转刀尖将上升，向右旋转刀尖将下降，按下该按钮机器将按照所需雕刻文件的长度与宽度调刻。

6. 线路板制作机的主要特点

线路板制作机的主要特点如下：

(1) 直接支持 Protel 99 SE 等多种 EDA 软件输出的 PCB 文件格式，不需任何格式转换便可直接输出 PCB 文件。

(2) 自动化程度高，线路钻孔工序自动完成。

(3) 中文操作软件，界面友好，操作非常简便。

(4) 无需化学腐蚀，属环保型设备。

(5) 雕刻精度高，数控钻孔误差小于 1 mil，多引脚原件可以轻板插入。

(6) 与国外同类型产品相比，同档次的品质，价格只是其 1/5，具有极高的性价比。

7. 制板机软硬件安装

双面线路板制作机的安装包括硬件和软件的安装。硬件的安装需要完成双面线路板制作机与 PC 之间数据线(DB9 串口线)的连接及双面线路板制作机电源线的连接；软件需安装与操作系统版本相对应的操作软件。

1) 硬件的安装

为方便操作制板机，最好将制板机放在与计算机工作平台高度相同的稳固工作台面上。先将附带的 RS-232 通讯线一头连接到制板机右侧的串口上，另一头连接到 PC 的串口上(计算机的串口 1 与串口 2 可选，但需在操作软件的设置项中设置对应的通讯端口号)，再将制板机的电源线连接好，这样就完成了制板机硬件安装。

2) 软件的安装

PC 配置需求如下：

(1) CPU586DX-500M 以上。

(2) 带可用的串口(COM1/COM2)一个以上。

(3) 操作系统 Windows 2000/Windows NT/Windows XP 可选。

(4) 附带 CD-ROM 驱动器。

(5) 安装有 Protel 99 SE 或 Protel DXP 软件。

将双面线路板制作机软件光盘插入到 CD-ROM 中，打开光盘，出现如图 3.2.2 所示的窗口。

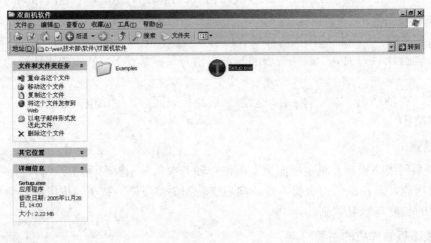

图 3.2.2　软件光盘的打开窗口

双击"浩维科技"，进入安装界面，如图 3.2.3 所示。单击"下一步"继续，按屏幕提示操作直到完成安装。

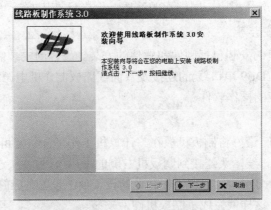

图 3.2.3　软件的安装界面

注意：线路板制作机器支持 Windows 2000/Windows NT/Windows XP 操作系统。

8. 雕刻前的准备操作步骤

当购买到浩维科技线路板制作机时，自然想立即制作一张线路板来看看它的强大功能，但请别着急，请先仔细阅读说明书及基本操作介绍后再动手，这对以后的操作使用很有帮助。

1) 连线

把机器平放在工作平台上，取出串口连接线(DB9 电缆线)，将连接线带针的一头连接到机器右侧的通讯接口上，将连接线带孔的一头连接到计算机的 COM 1 接口上，并连接好电源线(供电电压为 AC 220～240 V)。

2) 设定参数

在雕刻软件上打开需雕刻的 PCB 线路图，根据线路板设计要求，在 DK 操作界面中设定合适的刀具选择参数，建议选择略小于 Protel DXP 软件 PCB 文件设计中的安全距离(例如选择 0.38 mm 的刀具，刀具参数宜选择 0.36 mm，软件的刀具选择应略小于实际刀具 0.01～0.05 mm)。打开文件后必须在预览中看看有没有因为刀具选择错误(参数设定太大)而造成的线路板线条粘连。如果在刀具选择下拉菜单中没有合适的刀尖可选，可按"其他"按钮，在弹出的输出窗口中可随意输出想要的合适刀尖，按"新增"按钮，该刀尖便添加到刀具选择的下拉菜单中，按"确定"按钮便可以将刀尖设定并同时关闭该输出窗口，直到刀尖选择正确(线条没有造成粘连)为止(详见使用技巧)。

根据线路板厚度设定 DK 操作的板厚参数，此操作为执行钻孔和割边时提供准确数据。如果输入 2 mm，再按钻孔或割边，那么机器将在调节的高度再往下钻孔或割边 2 mm 深度，因此在选择板厚参数时可选择为比实际的板厚大 0.2～0.4 mm。例如，实际的板厚度是 1.6 mm，那么板厚参数可设定为 1.8 mm 或 2 mm。

3) 装刀具

根据设定的刀具选择参数，在刀具盒中选取相应刀具，先用六内角扳手轻轻将主轴电机的紧固螺丝松开，将刀具插入主轴电机孔内，再拧紧两边的内六角螺丝(不能太用力，因为紧固螺丝较小，如果太用力有可能将紧固螺丝损坏)。观察刀尖是否偏摆，如果刀尖偏摆，则需重新安装刀具，直到刀尖不偏摆为止。

提示：本机所配刀具相当锐利，操作不当极易割伤手指，应特别小心。

4) 固定电路板

确认制板机硬件与软件安装完成以后，将空白的覆铜板一面贴上双面胶，贴胶时要注意粘贴均匀，不能出现空气泡，确保一个水平度。然后将覆铜板较平的一边紧靠制板机底面平台的平行边框，并用两个大拇指均匀向两边压紧、压平 (注意覆铜板的边沿一定要与平行边框靠紧，并保证覆铜板边沿整齐，这样才能确保制作双面电路板换边时能准确定位)。

注意：主电源打开状态下，严禁用手推拉主轴电机和工作平台。

9. 设置键介绍

以双面板制作为例，将待雕刻的 PCB 图导入制板机操作软件窗口，如图 3.2.4 所示。单击工具栏的"设置"按钮，选择相对应的机器型号和计算机串行端口号，如图 3.2.5 所示。

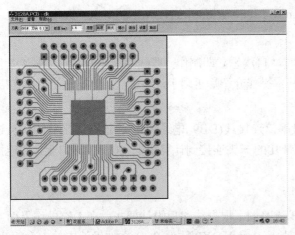

图 3.2.4   制板机操作窗口

图 3.2.5   刀具及通讯设置对话框

在图 3.2.4 中，单击"底层"按钮，使机器处于底层操作，并选择设置合适的刀尖和板厚，使线路图中的线条不造成粘连，而刀尖刚好是最大的即可。

设置好板材厚度和雕刻刀规格后，单击工具栏"输出"按钮，出现如图 3.2.6 所示的操作面板。操作面板各个操作功能模块描述如下：

1) 工作速度

浩维科技双面板制作机提供 5 级雕刻和钻孔速度。钻孔时建议选择中等速度；雕刻时可根据线路最小线隙、最小线径选择合适的雕刻速度。当线路线径、线隙较大时，可选择较快的速度；当线路线径、线隙较小时，应该选择较慢的速度 (电机工作速度默认为中速，在每次钻孔或雕刻线路时，注意调节好工作速度，以免工作速度影响线路板钻孔或雕刻的时间和质量)。

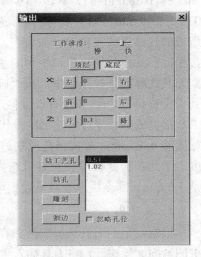

图 3.2.6   输出对话框

2) X

X 选择是在机器通电情况下处于静止状态供调整左右偏移量。如果在输入框内输入 2(默认单位 mm)，再单击"左"按钮，那么机器主轴将在原始位置向左边再移动 2 mm，如果单击"右"按钮，那么机器主轴将在原始位置向右边再移动 2 mm。

3) Y

Y 选择是在机器通电情况下处于静止状态供调整前后偏移量。如果在输入框内输入 2(默认单位 mm)，再单击"前"按钮，那么机器主轴将在原始位置向前面再移动 2 mm，如果是单击"后"按钮，那么机器主轴将在原始位置向后面再移动 2 mm。

4) Z

Z 选择是在机器通电情况下处于静止状态供调整上下偏移量。如果在输入框内输入 2(默认单位 mm)，再单击"升"按钮，那么机器主轴将在原始位置向上再移动 2 mm，如果是单击"降"按钮，那么机器主轴将在原始位置向下边再移动 2 mm。

5) 钻工艺孔

钻工艺孔为制作双面板提供准确的定位，单击"钻工艺孔"，机器会在线路板左上角和右上角钻两个孔。

6) 钻孔

连接好数控钻床的串口线与电源线后，将数控钻床主轴钻机和下部底板手动复位到原点位置并按住不放(即从数控钻床正面看去，主轴钻机靠最右端，底面平台靠最后端)。启动钻机主电源按钮，这时可以放开主轴钻机和下部底板，主轴钻机和下部底板在电动控制下，固定在原点位置。

启动"数控钻床.exe"控制程序，将待钻孔的 PCB 图导入控制程序窗口，单击工具栏的"输出"按钮。同时，将待钻孔的电路板用双面胶固定在底板上。

首先，选择第一批孔径的孔，如"0.65 mm"，并安装相应规格的钻头，然后，单击"降"按钮，即将钻头朝向下的方向调，直到钻头尖与待钻的电路板水平面相差 1 mm 左右，接着最关键的一步就是设置"原点"与"终点"。

取电路板靠数控钻床底板右下角有效线路边框线交点为原点，这时钻头垂直方向可能并未对准该端点，需要调整 X、Y 方向的偏移值，直到钻头尖垂直方向正好对准该端点。单击"设原点"按钮，这样就将电路板有效线路边框线右下角交点设置为原点。设置原点之后，选择"左"、"右"、"前"、"后"四个按钮，并在对应 X、Y 方向按钮旁的编辑窗口中输入偏移值，使电机钻头移动到原点对角线位置的电路板有效线路边框线左上角交点处，直到钻头尖垂直方向正好对准该端点，单击"设终点"按钮，这样就将电路板有效线路边框线左上角交点设置为终点。

设好原点和终点后，单击"钻孔"按钮，如定位误差在允许误差范围内，则机器将开始自动钻孔，直到完成首选批次孔；如定位误差大于所允许误差的范围，则软件提示"误差范围超值，请重新调整"。这时，只要根据误差值的正负符号及数值大小将钻头位置沿 X、Y 方向做细微调整，重新设定"终点"位置，然后单击"钻孔"按钮，直到能开始自动钻孔为止。

重复以上操作，直至钻完全部批次的孔。

10. 步骤

钻孔的操作步骤如下：

(1) 把覆铜板贴好后，应先根据覆铜板放置的位置设置 X、Y 适当的偏移量，以确定线路板合适的起始位置。

(2) 单击制板机面板的"试雕"按钮，并大致估计雕刻的部分是否在覆铜板范围之内。如果雕刻部分超过了覆铜板有效面积，则更换更大的覆铜板或重新调整 X、Y 的偏移量，直至试雕的边框在覆铜板有效面积之内(此时，记录 X、Y 的偏移量，以方便更换钻头后重新调整偏移量)。

(3) 装好钻头后，通过计算机操作软件调节钻头的垂直高度，直到钻头尖与电路板垂直距离为 2 mm 左右。

(4) 改为手动微调，在制板机面板上有一个数字电位器旋钮，该旋钮具有调节钻头夹具垂直高度的功能，同时具有试雕的功能。调节旋钮往左旋转时，Z 轴垂直向上移动；调节旋钮往右旋转时，Z 轴垂直向下移动；调节旋钮向下按一次(试雕)，制板机完成一次试雕，即按需雕刻线路板的长和宽走一圈。调节钻头的高度，当钻头快接近覆铜板时，一定要慢慢旋动旋钮，直到钻头接触到覆铜板(一定要保证主轴电机电源打开，否则容易造成钻头断裂)。

(5) 开始钻孔，在操作软件界面选择对应的孔径，单击"钻孔"按钮，制板机将自动完成该规格孔径的钻孔工作。

(6) 如不需更换钻头，请选择另一种规格的孔，单击"钻孔"按钮开始钻第二批规格的孔。

(7) 如需要更换钻头，建议只关闭主轴电机电源，设备总电源处于通电状态，这样就不需要重新调节各个参数，装好钻头后，重复(3)、(4)、(5)步骤，钻完各个规格的孔。

注意：在机器处于运动雕刻的过程中，严禁调整输出窗口中任何按钮及关闭输出窗口，否则会导致电路板雕刻失败或制板机工作不稳定。

11. 表面处理及设备的使用

钻完各个规格的孔后，取出线路板，将线路板清理干净，用细砂纸将两面线路打磨，确保线路光滑饱满，为防止线路板被氧化，可在线路板两面适当喷上一层光油。再把工作台板的双面胶以及杂物清理工净，以方便下次使用。

机器使用的雕刻刀具及钻头如图 3.2.7 所示。

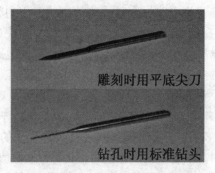

图 3.2.7 雕刻刀具及钻头

制板机疑问解答如下：

问：机器识别的是哪种格式？

答：所有兼容 Protel 的线路板设计软件均可通过 Protel 打开文件进行线路板制作，导出 Protel PCB 2.8 ASIC 格式即可在本机软件中打开。

问：机器可连续工作多长时间？

答：连续工作时间不要超过 6 h，散热半小时后可继续工作。

问：机器有无配套丝印工艺？

答：本产品有配套丝印工艺。

问：如何提高线路板的可焊性？

答：可在线路板表面涂一层松香水或用细砂纸轻轻打磨即可提高可焊性。

问：可加工多大和多厚的板材？

答：本机器制板厚度不限(钻孔厚度为 0.2～3 mm)。

问：机器有无维修备件和保修情况？

答：本产品备件有内六角扳手两把和原装刀具一套(雕刻刀 10 把，钻头 10 支)；整机保修一年，保用五年(主轴电机保修半年)。

制板机使用时的注意事项如下：

(1) 形成良好的习惯，打开主电源前确认主轴电源关闭；关闭主电源时，先关上主轴电源。

(2) 装刀具、钻头时一定要收紧固定螺丝。

(3) 雕刻时严禁关闭输出窗口。如果在雕刻中途需调节雕刻高度，可用机器面板上的"微调按钮"进行调节，绝不能关闭输出窗口，因为一关闭输出窗口可能会导致机器工作不稳定，甚至损坏刀具或主轴电机。

(4) 本机连续工作不超过 6 h，超过 6 h 后，请关闭主电源，打开机门散热半小时后可继续进行工作。

(5) 线路板雕刻完成后，将工作台面的双面胶以及杂物清理干净，避免留下残留物影响雕刻效果，以保持下次使用的平整。

制板机使用时常见问题解答如下：

(1) 打开文件时提示"非 PCB 文件"？

本机兼容 Protel ASIC II 2.8 文件格式，如果绘图软件不能输出此格式，在 Protel 99SE 中导入所设计的文件，然后导出此格式文件，机器软件就可以识别到。

(2) 打开文件时提示"无 KeepOut Layer"？

本机以禁止布线层为线路板外边框，所设计的 PCB 文件一定要在 KeepOut Layer 画上一条边框线，线宽等于刀具直径的 3.15 倍(即禁止布线层的线离第一根要 1.5 mm 以上，否则割边时可能会损坏所设计的线条)。

(3) 打不开文件或打开后软件自己关闭？

这是由于所设计的线路图坐标为负，可以在 Protel 99 SE 中把鼠标移到所设计的线路图左下角和右下角观察显示栏是否为负，如果为负则把整个线路图移至坐标为正的地方。

(4) 机器不能与电脑通讯？

本机只支持 Windows 2000\Windows NT\Windows XP 操作系统，并在软件的"设置"选项里将"通讯端口"及"使用机型"选为与电脑的串口号(串口1或串口2)以及机器设备型号相符合。钻孔工艺使用的设备如图 3.2.8 所示。

(a) 自动钻孔机

(b) 自动雕刻机

图 3.2.8　钻孔设备

3.2.3 电镀前处理(沉铜)工艺介绍

1. 沉铜目的与作用

在已钻孔不导电孔壁基材上，用化学方法沉积上一层薄薄的化学铜，以作为后面电镀铜的基底。

2. 工艺流程

碱性除油→二或三级逆流漂洗→粗化(微蚀)→二级逆流漂洗→预浸→活化→二级逆流漂洗→解胶→二级逆流漂洗→沉铜→二级逆流漂洗→浸酸。

3. 流程说明

1) 碱性除油

(1) 作用与目的：除去板面油污、指印、氧化物、孔内粉尘；对孔壁基材进行极性调整(使孔壁由负电荷调整为正电荷)，以便于后面工序中胶体钯吸附。

(2) 多为碱性除油体系，也有酸性除油体系，酸性除油体系比碱性除油体系无论是除油效果，还是电荷调整效果都较差，表现在生产上即沉铜背光效果差，孔壁结合力差，板面除油不净，容易产生脱皮起泡现象。

(3) 碱性除油与酸性除油相比，操作温度较高，清洗较困难，因此在使用碱性除油体系时，对除油后清洗要求较严。

(4) 除油调整好坏直接影响到沉铜背光效果。

2) 微蚀

(1) 作用与目的：除去板面氧化物，粗化板面，保证后续沉铜层与基材底铜之间良好的结合力；使新生成的铜面具有很强的活性，可以很好地吸附胶体钯。

(2) 粗化剂：目前市场上的粗化剂主要有两大类，即硫酸双氧水体系和过硫酸体系。硫酸双氧水体系的优点：溶铜量大(可达 50 g/L)，水洗性好，污水处理较容易，成本较低，可回收；缺点：板面粗化不均匀，槽液稳定性差，过氧化氢易分解，空气污染较重。过硫酸盐包括过硫酸钠和过硫酸铵，过硫酸铵较过硫酸钠贵，水洗性稍差，污水处理较难。与硫酸双氧水体系相比，过硫酸盐的优点：槽液稳定性较好，板面粗化均匀；缺点：溶铜量较小(25 g/L)，过硫酸盐体系中硫酸铜易结晶析出，水洗性稍差，成本较高。

(3) 另外有新型微蚀剂——过硫酸氢钾，使用时，槽液稳定性好，板面粗化均匀，粗化速率稳定，不受铜含量影响，操作简单，适宜于细线条、小间距、高频板等。

3) 预浸/活化

(1) 预浸目的与作用：主要是保护钯槽免受前处理槽液污染，延长钯槽的使用寿命。预浸液的主要成分除氯化钯外与钯槽成分一致，可有效润湿孔壁，便于后续活化液及时进入孔内活化使之进行足够的有效活化。

(2) 预浸液比重一般维持在 18 波美度左右，这样钯槽就可维持在正常比重 20 波美度以上。

(3) 活化目的与作用：经前处理碱性除油极性调整后，带正电孔壁可有效吸附足够带有负电荷胶体的钯颗粒，以保证后续沉铜的均匀性、连续性和致密性，因此除油与活化对后续沉铜质量起着十分重要的作用。

(4) 生产中应特别注意活化效果，主要是保证足够时间、浓度(或强度)。

(5) 活化液中氯化钯以胶体形式存在，这种带负电胶体颗粒决定了钯槽维护的一些要点：保证足够数量亚锡离子和氯离子以防止胶体钯解胶(以及维持足够比重，一般在 18 波美度以上)；足量酸度(适量盐酸)防止亚锡生成沉淀；温度不宜太高，否则胶体钯会发生沉淀，室温或 35℃ 以下即可。

4) 解胶

(1) 作用与目的：可有效除去胶体钯颗粒外面包围的亚锡离子，使胶体颗粒中钯核暴露出来，以直接有效催化启动化学沉铜反应。

(2) 原理：因为锡是两性元素，锡盐既溶于酸又溶于碱，因此酸碱都可做解胶剂。碱对水质较为敏感，易产生沉淀或悬浮物，极易造成沉铜孔破；盐酸和硫酸是强酸，不仅不利于制作多层板，而且强酸会攻击内层黑氧化层，容易造成解胶过度，将胶体钯颗粒从孔壁板面上解离下来。一般多使用氟硼酸做主要解胶剂，因其酸性较弱，一般不会造成解胶过度，且实验证明使用氟硼酸做解胶剂时，沉铜层结合力和背光效果、致密性都有明显提高。

5) 沉铜

(1) 作用与目的：通过钯核活化诱发化学沉铜自催化反应，新生成的化学铜和反应副产物氢气都可以作为反应催化剂进行催化反应，使沉铜反应持续不断进行。通过该步骤处理后即可在板面或孔壁上沉积一层化学铜。

(2) 原理：利用甲醛在碱性条件下的还原性来还原被络合可溶性铜盐。

(3) 空气搅拌：槽液要保持正常空气搅拌，目的是氧化槽液中亚铜离子和槽液中铜粉，使之转化为可溶性二价铜。

沉铜/镀铜机实物图如图 3.2.9 所示。

图 3.2.9　沉铜/镀铜机

3.3　各步工艺原理与要求

3.3.1　碱性清洁剂

碱性清洁剂含表面活性剂，对于印制电路板面上的指纹印、油污等具有优良的去除功能。

1. 使用方法

(1) 配槽所用的碱性清洁剂浓度为 1000 mL/L。

(2) 碱性清洁剂的操作条件如表 3.3.1 所示。

表 3.3.1　碱性清洁剂操作条件

项　目	最佳值	控制范围
碱性清洁剂/(mL/L)	1000	1000
温度/(℃)	60	55～65
时间/ min	6	5～8
搅拌	机械摆动、振动	
过滤	连续过滤	
镀槽材质	304 或 316 不锈钢、聚乙烯、聚丙烯	
加热器	304 或 316 不锈钢、特氟隆加热器	

2. 槽液维护

每生产 100 m² 板补加 12 L 碱性清洁剂。当处理 15 m²/L 板时更换槽液。

3. 产品包装

塑料桶：25 升/桶。

4. 储藏条件

避免阳光直射，保质期两年，在 –5～20℃ 下储藏。

5. 安全措施

避免皮肤接触，戴塑胶手套、防护眼镜。

6. 碱性清洁剂含量分析

试剂：$0.1N$ 盐酸标准液、甲基橙指示剂。

方法：

(1) 取 10 mL 槽液于 250 mL 锥形瓶中。

(2) 加 100 mL 纯水和 2～3 滴甲基橙指示剂。

(3) 用 $0.1N$ 盐酸标准液滴定至橙色为终点，记录体积 V。

计算：体积百分比含量 = $0.127 \times (N \times V)_{HCl} \times 100\%$。

控制范围：80～120 mL/L。

3.3.2　预浸剂

预浸剂是用来维护胶体钯槽液的酸性和比重的，确保穿孔孔壁湿润，以便更好地吸附胶体钯，并防止杂质带入钯槽溶液中，废水处理简单。

1. 使用方法

(1) 配槽所用的预浸剂 CS–21–XR 浓度为 100%。

(2) 预浸剂的操作条件如表 3.3.2 所示。

表 3.3.2　预浸剂操作条件

项　目	最佳值	控制范围
酸浓	1.1N	0.9N～1.3N
氯化物浓度	4.2N	3.5N～4.8N
温度/(℃)	常温(25℃)	
时间/min	1～2	
搅拌	机械摆动、振动	
过滤	连续过滤	
镀槽材质	聚乙烯、聚丙烯、硬质聚氯乙烯	
加热器	316 不锈钢、钛、石英加热器	

2. 槽液维护

每生产 100 m² 板补加 2.5 kg 预浸盐。在维护过程中，[Cl⁻]升高 0.1N 需加预浸盐 CS-21-XR 6 g/L，酸度每升高 0.1N 需补加 CP 或 AR 级盐酸 8.5 mL/L。当溶液处理 15 m²/L 或 Cu^{2+} 浓度大于 1 g/L 时更换槽液。液位不够时用纯水补加。

3. 产品包装

塑料桶：25 升/桶。

4. 储藏条件

避免潮湿，保质期两年，在 -5～25℃ 下储藏。

5. 安全措施

避免皮肤接触，戴塑胶手套。

6. 废水处理

将废液中和，按环保要求排放。

7. 预浸剂中酸当量浓度、氯化物当量浓度、Cu^{2+} 含量分析

1) 酸当量浓度分析

试剂：0.1N NaOH 标准溶液、0.1% 酚酞指示剂。

方法：

(1) 吸取 5 mL 槽液加入 250 mL 的锥形瓶中。

(2) 加入 50 mL 纯水和 1～2 滴酚酞指示剂。

(3) 用 0.5N 的 NaOH 标准液滴定至出现淡红色，记录体积毫升数 V。

(4) 计算：酸当量浓度 = $0.2 \times (N \times V)_{NaOH}$。

控制范围：酸当量浓度为 0.9N～1.3N，每提高 0.1N 可添加盐酸 8.5 mL/L。

2) 氯化物当量浓度分析

试剂：0.1N 硝酸银、10% K_2CrO_4、$NaHCO_3$。

方法：

(1) 吸取 5 mL 工作液加入 100 mL 的容量瓶中，用纯水稀释到刻度，混匀。

(2) 吸取 10 mL 稀释样品注入 250 mL 的锥形瓶中，加入 50 mL 纯水。

(3) 加入 1 mL 10% K_2CrO_4，加入 1 g $NaHCO_3$。

(4) 用 0.1N 硝酸银标准液滴定至粉红色为终点，记录体积 V。

计算：氯化物当量浓度 = 2×$(N×V)_{AgNO_3}$。

控制范围：氯化物当量浓度为 3.5N～4.8N,[Cl⁻] 升高 0.1N 需补加预浸盐 CS-21-XR 6 g/L。

3) Cu²⁺ 含量分析

试剂：0.05M EDTA-2Na 标准溶液、PAR 指示剂、PH = 10 氨水-氯化铵缓冲液。

方法：

(1) 吸取 20 mL 工作液注入 250 mL 锥形瓶中。

(2) 加入 100 mL 纯水，加入 PH = 10 缓冲溶液 20 mL 和 10 滴 PAR 指示剂。

(3) 用 0.05 M EDTA-2Na 标准液滴定至黄色，记录体积 V。

计算：Cu²⁺ 浓度(g/L) = 3.18 × $(M×V)_{EDTA-2Na}$。

控制范围：Cu²⁺ 浓度小于 1 g/L。

3.3.3 胶体钯活化剂

胶体钯活化剂是一种新型的高活性盐，其胶体粒子可以渗入微孔并被均匀地吸附在非导体的表面上。它为后续的化学镀铜提供了充足有效的催化活性，广泛应用于 PCB 及塑料镀活化工艺，废水处理简单。

1. 使用方法

(1) 配槽所用的胶体钯活化剂浓度为 100 mL/L。

(2) 胶体钯活化剂的操作条件如表 3.3.3 所示。

表 3.3.3　胶体钯活化剂操作条件

项　目	最佳值	控制范围
酸浓度	0.9N	0.7N～1.3N
氯化物浓度	4.0N	3.5N～4.8N
Sn²⁺ 浓度/(g/L)	4.8	3～10
温度/(℃)	30	20～40
时间/min	6	5～7
搅拌	机械摆动、振动	
过滤	连续过滤	
镀槽材质	聚乙烯、聚丙烯、硬质聚氯乙烯	
加热器	316 不锈钢、钛、石英加热器，聚四氟乙烯	

2. 槽液维护

(1) 每生产 100 m² 板补加胶体钯(CS-22-XR)1.0 L 左右。

(2) 如果较长时间不用槽液，则应分析 Sn²⁺ 含量，要求 Sn²⁺ 浓度为 3～10 g/L，用 SnCl₂ 进行调整；每升工作液增加 1 g Sn²⁺ 补加 CS-22-XR 5.5 mL。

(3) 当槽液中的 Cl⁻ < 3N 时，用预浸盐 CS-21-XR 调整到 4.2N。

(4) 当槽液中的酸度小于等于 0.9 时，补加化学纯或分析纯(CP/AR)级盐酸到 1.2N。

(5) 控制槽液中的胶体钯浓度(CS-22-X)使其大于等于 5%。

(6) 当槽液中的铜离子含量达到 1 g/L 时，更换全部槽液。

3. 产品包装

塑料：25 升/桶、2 升/壶(浓缩液)。

4. 储藏条件

避免阳光直射，保质期两年，在 -5～20℃下储藏。

5. 安全措施

胶体钯活化剂呈强酸性，应避免皮肤接触，需戴塑胶手套、防护眼镜。

6. 废水处理

将废液中和，钯沉淀回收，按环保要求排放。

7. 活化剂中钯浓度、氯化亚锡、氯化物当量浓度、酸当量浓度、铜浓度分析

1) 钯浓度的比色法分析

(1) 分别吸取胶体钯 3.5 mL、3 mL、2.5 mL、2 mL 放入四个 100 mL 的容量瓶中。

(2) 将用 25% 的盐酸溶液稀释至 100 mL，混匀。含量分别为 7%、6%、5%、4%。

(3) 将四种溶液分别注满 50 mL 的比色管中并贴上标签，置于阴凉处。

比较：吸取 50 mL 工作溶液用水定容到 100 mL，混匀，再装入 50 mL 比色管中与配制的标准溶液进行颜色比较。

添加：每提高 1% 钯浓度加 CS-22-XR 浓缩液 10 mL/L。

2) 钯浓度的分光光度法分析

(1) 吸取 30 mL 胶体钯浓缩液注入 1000 mL 容量瓶中。

(2) 加入新配预浸工作液并稀释至 1 L，混匀。

(3) 吸取稀释液 25 mL、20 mL、15 mL、10 mL，分别注入四个 100 mL 的容量瓶中。

(4) 用 25% 的盐酸溶液稀释至刻度处，混匀，工作液含量为 3.0%、2.4%、1.8%、1.2%。

(5) 用一可调波长的分光光度计，将其调到 450 mm 处，用 25% 盐酸对仪器校零后，读出四种溶液的吸收率。

(6) 在标准绘图纸上画出吸收率对浓度的曲线图。

比较：吸取 25 mL 工作液注入 100 mL 容量瓶中，用 25% 盐酸稀释至刻度处，混匀。读出此样品的吸收率，由曲线图确定其百分浓度。

3) 氯化亚锡的分析

试剂：0.1N 碘标准溶液、1% 淀粉指示剂。

方法：

(1) 吸取 5 mL 工作液注入 250 mL 锥形瓶中。

(2) 加入去离子水 50 mL，加入 5 mL 淀粉指示剂。

(3) 用 0.1N 碘标准液滴定至蓝黑色，记录体积毫升数 V。

计算：Sn^{2+} 浓度$(g/L) = 11.8 \times (N \times V)_{I_2}$ 。

控制范围：Sn^{2+} 浓度为 5～10 g/L，每升工作液增加 0.1 g，Sn^{2+} 需补加 CS-22-XR 0.55 mL。

4) 氯化物当量浓度分析

试剂：0.1N 硝酸银标准溶液、10% K_2CrO_4 溶液、$NaHCO_3$。

方法：

(1) 吸取 5 mL 工作液加入 100 mL 的容量瓶中，用纯水稀释到刻度处，混匀。

(2) 吸取 10 mL 稀释样品注入 250 mL 的锥形瓶中，加入 50 mL 纯水。

(3) 加入 1 mL 10% K_2CrO_4 溶液、1 g NaHCO3。

(4) 用 $0.1N$ 硝酸银标准液滴定至红色，记录体积 V。

计算：氯化物当量浓度 = $2 \times (N \times V)_{AgNO_3}$。

控制范围：氯化物当量浓度为 $3.5N \sim 4.8N$，[Cl⁻] 升高 $0.1N$ 需补加预浸盐 CS-21-XR 6 g/L。

5) 酸当量浓度分析

试剂：$0.5N$ NaOH 标准溶液、酚酞指示剂。

方法：

(1) 吸取 5 mL 工作液加入 250 mL 的锥形瓶中。

(2) 加入 50 mL 纯水和 1～2 滴酚酞指示剂。

(3) 用 $0.5N$ NaOH 标准液滴定至出现粉红色，记录体积 V。

计算：酸当量浓度 = $0.2 \times (N \times V)_{NaOH}$。

控制范围：酸当量浓度为 $0.9N \sim 1.2N$，每提高 $0.1N$ 可添加盐酸(37%)8.5 mL。

6) 铜浓度分析(出现问题时需要查验的分析项目)

取 20 mL 槽液于 250 mL 锥形瓶中，加去离子水 100 mL，加入 PH = 10 的缓冲溶液和 10 滴 PAR 指示剂。

用 $0.05N$ EDTA 标准溶液滴定至黄色，记录体积 V。

计算：铜离子浓度(g/L) = $3.18 \times (N \times V)_{EDTA}$。

3.3.4 加速剂

加速剂用以去除孔壁亚锡与氯离子化合物，暴露出钯金属与化学铜离子进行氧化还原反应，并防止催化剂带入铜槽溶液中，废水处理简单。

1. 使用方法

(1) 配槽所用加速剂浓度为 100%。

(2) 加速剂的操作条件如表 3.3.4 所示。

表 3.3.4　加速剂操作条件

项　目	最佳值	控制范围
加速剂/(%)	100	100
温度/(℃)	30	20～45
时间/min	4	3～5
搅拌	机械摆动、振动	
过滤	连续过滤	
镀槽材质	聚乙烯、聚丙烯、硬质聚氯乙烯	
加热器	316 不锈钢、钛、石英加热器	

2. 槽液维护

(1) 每生产 100 m^2 板补加 12 L 加速剂。

(2) 工作液 PH 值一般为 8～9.5，如偏离此范围，可用开缸剂 CS-23-XR 来调整。

(3) 当溶液处理 15 m^2/L 板时更换槽液。

3. 产品包装

塑料桶：25 升/桶。

4. 储藏条件

避免阳光照射，保质期两年，在 –5～20℃ 下储藏。

5. 安全措施

加速剂呈酸性，易腐蚀，应避免皮肤接触，需戴塑胶手套、防护眼镜。

6. 废水处理

将废液中和，按环保要求排放。

7. 加速剂中 CS-23-XR 浓度、Cu^{2+} 含量分析

1) CS-23-XR 浓度分析

(1) 取 50 mL(0.1N) I_2(碘)置于 250 mL 锥形瓶中。

(2) 加 50 mL 工作液到锥形瓶中摇匀，避光静置 10 min 左右，加少量水，加 1 mL HCl。

(3) 用 0.1N 的 $Na_2S_2O_3$ 标准液滴定至淡黄色，再加淀粉 2 mL 继续滴至无色。

计算：加速剂浓度(%) = 0.0217 × ($N_1V_1 - N_2V_2$) × 100%。

式中：V_1 为 I_2 毫升数；N_1 为 I_2 浓度；V_2 为消耗 $Na_2S_2O_3$ 毫升数；N_2 为 $Na_2S_2O_3$ 浓度。

控制范围：CS-23-XR 体积百分含量大于等于 1.5%。

2) Cu^{2+} 的含量分析

(1) 取 20 mL 槽液于 250 mL 锥形瓶，加 50 mL 去离子水。

(2) 加 PH = 10 的缓冲溶液 20 mL 和 5 滴 PAN 指示剂。

(3) 用 0.05N EDTA 标准溶液滴定至橙黄色，记录体积 V。

计算：Cu^{2+} 的含量(g/L) = 3.17 × ($N × V$)$_{EDTA}$。

3.3.5　化学沉铜

化学沉薄铜体系是指化学沉薄铜组分溶液，工艺操作简单，铜沉积层均匀，延展性好，溶液控制、维护方便且稳定，消耗量少。

1. 使用方法

(1) 配槽所用沉铜液 A 浓度为 100 mL/L，沉铜液 B 浓度为 100 mL/L，稳定剂浓度为 5 mL/L，纯水若干。

(2) 沉铜液的操作条件如表 3.3.5 所示。

2. 槽液维护

每生产完 4 m^2 板后，补加 1 L A 液、1 L B 液、50 mL HCHO。当溶液比重大于 1.14 时，更换一半槽液。当工作液处理 100～150 m^2/L 板时，可以考虑更换新工作液；液位不够时用纯水补加。

表 3.3.5　沉铜液操作条件

项　目	最佳值	控制范围
Cu^{2+}/(g/L)	2.5	2～3
NaOH/(g/L)	11	8～14
HCHO/(mL/L)	16	12～20
温度/(℃)	38	35～40
时间/min	15	12～20
搅拌	机械摆动、振动、空气搅拌	
过滤	连续过滤	
镀槽材质	聚乙烯、聚丙烯、硬质聚氯乙烯	
加热器	316 不锈钢、钛、石英加热器	
溶液负载	1～5 dm^2/L	

3. 产品包装

塑料桶：25 升/桶。

4. 储藏条件

避免阳光照射，置于通风处，保质期两年，在 -5～20℃下储藏。

5. 安全措施

工作液有刺激气味，应避免皮肤接触，戴塑胶手套、防护眼镜、口罩。

6. 废水处理

将废液中和，硫酸铜沉淀回收，按环保要求排放。

7. 沉铜溶液中 Cu^{2+}、NaOH、HCHO 含量分析

1) Cu^{2+} 含量分析

试剂：0.1N 硫代硫酸钠标准液、50% 硫酸、20% 硫氰化钾溶液(或固体)、KI、1% 淀粉指示剂。

方法：

(1) 吸取 10 mL 溶液于 250 mL 锥形瓶中，加入纯水 100 mL。

(2) 加入 50% 硫酸至溶液蓝色消失为止。

(3) 加入 20% 硫氰化钾 10 mL(或固体 2 g)，1 g KI，淀粉指示剂 3～5 mL。

(4) 用 0.1N 硫代硫酸钠标准液滴定至蓝色消失为止，记录耗用的体积 V。

计算：Cu^{2+} 含量(g/L) = 6.4 × N × V，N 为硫代硫酸钠的实际当量浓度。

添加：CS-9-A6(L) = (2.5 - Cu^2 + 含量) × 槽液体积(L) ÷ 28。

控制范围：Cu^{2+} 含量为 2～3 g/L；Cu^{2+} 每升高 1 g/L 加 CS-9-A6 36 mL/L。

2) NaOH 含量分析

试剂：0.1% 酚酞指示剂、0.1N 盐酸标准液。

方法：

(1) 吸取 2 mL 槽液于 250 mL 锥形瓶内。

(2) 加纯水 40 mL，加 2 滴酚酞指示剂。

(3) 用 0.1N 盐酸标准液滴定红色刚好退去为止，记录体积 V。

计算：NaOH 含量(g/L) = $V \times 2$。

添　加：CS-9-BR 体积(L) = (11 − NaOH 含量) × 槽液体积(L) ÷ 160。

控制范围：NaOH 含量为 8～14 g/L；每升高 1 g/L 的 NaOH 加 CS-9-BR 6.25 mL/L。

3) HCHO 含量分析

试剂：5N NaOH、0.1N 碘标准液、5N 硫酸、1%淀粉指示剂、0.1N 硫代硫酸钠标准液。

方法：

(1) 取 5 mL 槽液于 250 mL 锥形瓶中。

(2) 加入 5N NaOH 溶液 10 mL，0.1N 碘标准液 25 mL，摇匀，置于暗处。

(3) 放置 10 min 后，加 5N 硫酸 20 mL。

(4) 用 0.1N 硫代硫酸钠标准液滴定至溶液变成淡棕色后，加入 1 mL 1%淀粉指示剂，继续滴定至蓝色消失为止，记录耗用硫代硫酸钠标准溶液体积 V。

计算：HCHO 含量(mL/L) = (25 − V) × 0.94。

添加：HCHO(mL) = (16 − HCHO 含量) × 槽液体积(L)。

4) NaOH、HCHO 含量分析

试剂：0.1N 盐酸标准液、1 M 亚硫酸钠溶液(当天配制)、PH = 9.2 的缓冲液、PH 测试仪。

方法：

(1) 用 PH = 9.2 的缓冲液校定 PH 测试仪。

(2) 在 250 mL 烧杯中加入 150 mL 纯水。

(3) 吸取 5 mL 工作液于上述烧杯中，并置于磁力搅拌器上，使其搅动。

(4) 用 0.1N 盐酸标准液滴定，直到溶液的酸碱度降至 9.3 为止，记录盐酸的体积数 V_1。

(5) 加入 10 mL 浓度为 1M 的亚硫酸钠溶液并搅拌，此时 PH 值上升。

(6) 继续用 0.1N 盐酸标准液滴定，直到溶液的酸碱度再次降至 9.3 为止，记录这次用盐酸体积数 V_2。

计算：NaOH 含量(g/L) = $N \times V_1 \times 8$，HCOH(g/L)含量 = $N \times V_2 \times 6$，N 为盐酸标准液的实际浓度，1 g/L 的 HCOH 相当于 2.5 mL/L 的 HCOH。

3.3.6　沉铜机具体参数

沉铜机的具体参数如下：

(1) 设备尺寸：1100 mm × 650 mm × 650 mm。

(2) 电源功率：4.1 kW、220 V。

(3) 适用于双面 PCB 板的孔化。

(4) 特点：自动温控，加热快，沉铜效果好。

(5) 分为 12 个槽体，可分别完成碱性除油、孔粗化、预浸、活化、解胶、清洗工艺。

3.3.7　沉铜操作过程

沉铜工艺的具体操作步骤如下：

(1) 把经过处理好的板子放入碱性除油槽中，稍加摆动(5～7 min，温度 50～60℃)。检查方法：在清水中清洗时板子上无水珠。

(2) 将除去油的板子在清水槽里冲洗干净，然后放入孔粗化液体内，稍加摆动(2 min，常温)，此时的板子会变成粉红色。

(3) 再一次将板子在清水中冲洗干净，然后放入预浸液体中，稍加摆动(1～2 min，常温)。

(4) 预浸完毕的板子直接进入活化液体，稍加摆动(5～8 min，25～40℃)。这时孔内会有变黑的现象。

(5) 将板子在清水中浸泡 1～2 min，然后放入解胶(加速)液体里，稍加摆动(3～5 min，常温)。此时孔内变黑的现象更明显。

(6) 再一次将板子在清水中冲洗干净，放入化学沉铜液体中，加入空气搅拌(15～20 min，35℃)。板子此时是粉红色，孔壁会有一层薄铜。

(7) 沉完铜后，最后一次将板子在清水中冲洗干净，进入下一个工艺操作。

沉铜过程中的注意事项如下：

(1) 在碱性除油前，一定要认真检查有无堵孔现象，如有需用水或钻头把孔里的毛刺去掉，确保孔的通顺。

(2) 一定要把油清除干净，以进行下面的操作。

(3) 注意观察板子的颜色变化，如果没有发生变化，需要重新操作。

(4) 每一次的清水冲洗都很关键，一定要冲洗干净。

(5) 注意预浸完毕后不能用清水冲洗，以免板子上有水珠带入活化液体中影响液体的浓度。

(6) 在沉铜之前需检查液体的浓度，当 PH 值低于 12.5 时，需加 BR(白色)，调整 PH 值为 12.5～13.0，再加 A6(蓝色)，与 BR 对半(1∶1)，稍加一点甲醛。

(7) 当液体内有沉淀物时，需用过滤纸来过滤。

(8) 每次操作完毕需加一点稳定剂。

(9) 沉完铜后一定要仔细检查是否存在没有沉上铜的孔，如有需重新操作。

3.4　孔金属化(电镀)工艺介绍

3.4.1　孔金属化工艺要求及注意事项

孔金属化工艺过程是印制电路板制造中最关键的一个工序。为此，就必须对基板的铜表面与孔内表面状态进行认真的检查。

1. 检查项目

(1) 表面状态是否良好，应无划伤、无压痕、无针孔、无油污等。

(2) 检查孔内表面状态应保持均匀，呈微粗糙，无毛刺、无螺旋状、无切屑残留物等。

(3) 进行镀铜液的化学分析，确定补加量。

(4) 将化学镀铜液进行循环处理，保持溶液化学成分的均匀性。

(5) 随时监测溶液内温度，保持在工艺范围以内变化。

2．孔金属化质量控制

(1) 镀铜液的质量和工艺参数及控制范围的确定，并做好记录。

(2) 进行孔金属化前处理溶液的监控及处理质量状态分析。

(3) 为确保镀铜的高质量，建议采用搅拌(振动)加循环过滤工艺方法。

(4) 严格控制化学镀铜过程工艺参数的监控(包括 PH、温度、时间、溶液主要成分)。

(5) 采用背光试验工艺方法检查，参考透光程度图像(分为 10 级)，来判定镀铜效果和镀铜层质量。

(6) 经加厚镀铜后，应按工艺要求做金相剖切试验。

3.4.2 孔金属化工艺原理及操作要求

镀铜工艺是一种具有高分散能力和深镀能力的酸性镀铜配方，可产生延展性好的光亮镀层，其配方是专为线路板穿孔电镀而设计的。该工艺有下述特点：

(1) 维护镀铜溶液只需用一种添加剂，操作简单。

(2) 镀层具有良好的整平性和延展性，能经受严格的热冲击试验。

(3) 不形成有害分解物，抗污染能力很强，不必进行频繁的活性炭处理。

1．镀铜溶液配方与操作条件

镀铜溶液配方与操作条件如表 3.4.1 所示。

表 3.4.1 镀铜溶液配方与操作条件

项 目	范 围	最 佳 值
铜/(g/L)	15～26	17
$CuSO_4 \cdot 5H_2O$ 浓度/(g/L)	60～100	70
硫酸(98%)浓度/(g/L)	180～200	190
氯离子浓度/(mg/L)	60～100	80
添加剂浓度/(mL/L)	8～16	10
添加剂浓度/(mL/AH)	0.5～1	0.75
阴极电流密度/(A/dm²)	2.0～4.0	3.0
阳极阴极比	1：5～2：1	
阳极含磷量/(%)	0.045～0.06	
温度/(℃)	28～32	30
过滤	连续过滤	
搅拌	空气搅拌	
镀槽	PDVC、PVC、聚丙烯	
阳极挂具	钛合金蓝	
加热器	钛管	
整流器	波纹系数小于 5%	

2. 镀铜溶液配制

1) 溶液配制过程

(1) 用 50 g/L 磷酸三钠热溶液清洗镀槽及相关设备，再用清水冲净，然后用 5%硫酸溶液洗净。

(2) 在洗净的备用槽内加入所需溶液体积 1/2 的纯水并加热至 40℃，加入计算量的硫酸铜，搅拌使之溶解。加入 1~1.5 mL/L 30% 的过氧化氢搅拌 1 h，加热至 60℃，再加入 3 g/L 优质活性炭搅拌 1 h 后静置 5 h 以过滤除去活性炭。

(3) 将处理好的溶液加入镀槽中，加入计算量的试剂纯硫酸和试剂纯盐酸，加水至规定体积后搅拌均匀。

(4) 用 1~1.5 A/dm^2 的阳极电流进行电解处理，使阳极形成一层致密黑膜。

(5) 加入 10 mL/L CS-14-F 添加剂后搅拌均匀，溶液即可使用。

2) 镀液维护

(1) 一般每 4 h 添加一次 CS-14-F 添加剂，添加时槽内应没有镀件。

(2) 定期分析工作液的主要成分并及时调整。

(3) 增加 10 mL/L 氯离子需加入 0.026 mL/L 的试剂纯盐酸。

(4) 加厚通电镀液工作 350 AH/L 做一次炭处理，图形电镀镀液工作 200 AH/L 做一次炭处理。

(5) 镀液应经常用阴极电流密度为 0.2~0.3 A/dm^2 做电解处理，以除去无机杂质。

3.4.3 孔金属化设备的使用及操作

1. 具体参数

(1) 设备尺寸：900 mm × 700 mm × 600 mm(镀槽)，500 mm × 600 mm × 500 mm(脉冲电源)。

(2) 交流输入：1.5 kW、220 V。

(3) 直流输出：0~50 V、0~50 A、0~20 A。

(4) 设备特点：摆动式、悬挂式。采用脉冲电流使电镀无毛刺，同时具有双槽配置，可完成预浸和电镀工艺，使电镀更均匀。

(5) 功用：双面 PCB 的全板、图形的电镀铜及预浸。

2. 操作过程

(1) 挂好阳极铜块(铜块应装在阳极带内)，阳极铜块表面积应为电镀工件的 1~2 倍。

(2) 在控制电气柜中启动空气开关，电源指示灯亮。

(3) 将电流调节轮扳到最小值，然后微微打开。

(4) 装入工件，要保持良好接触。

(5) 在控制面板上打开电镀开关，阴极(工件)开始摆动。

(6) 调节电流调节轮，并查看电流指示表至规定电流大小。(电镀电流计算：1 dm^2 电镀面积的电流为 1.2~1.5 A 直流电流。)

(7) 电镀完毕，取出工件，并关闭电镀开关。

(8) 放入新的工件，重复以上操作。

(9) 工作完毕，取出阳极挂至闲置槽。

3. 使用注意事项

(1) 电镀板要处理干净(无油污)，并进行电镀前处理。

(2) 切勿将板子放入槽内再开电流表，以防液体蚀刻表面金属。

(3) 电流要从小往大调，不能从大往小调。

(4) 当板子放入槽内时，要确保接触良好，电流表的指针正常。如果指针左右摆动，则说明接触不好。

(5) 电镀时间到时，先把板子取出，再关电源。

(6) 确定电镀完成后，把阳极铜块取出放入闲置槽内。

(7) 0～20 A 直流电流指示表用于小面积电镀时备用，可让专业电工接通使用。

3.5　丝印线路油墨工艺介绍

3.5.1　丝印工艺的注意事项

丝印线路油墨工艺的主要目的是为在完成过孔电镀的覆铜板上形成一层均匀的感光材料。

1. 丝印前的准备和加工检查项目

(1) 检查和阅读工艺文件与实物是否相符，根据工艺文件所拟定的要求进行准备。

(2) 检查基板外观是否有与工艺要求不相符合的多余物。

(3) 确定丝印准确位置，确保两面同时进行，主要确保预烘时两面涂覆层温度的一致性，且制造的支撑架距离要适当。

(4) 根据所使用的油墨型号，再根据说明书的技术要求，进行配比并采用搅拌机充分混合，至气泡消失为止。

(5) 检查所使用的丝印台或丝印机的使用状态，调整好所有需要保证的部位。

(6) 为确保丝印质量，正式丝印产品前，采用纸张先印，确保无漏印，且丝印清楚而又均匀。

2. 丝印质量的控制

(1) 确保基板表面露铜部位(除焊盘与孔外)清洁、干净、无沾污。

(2) 按照工艺文件要求进行两面丝印，并确保涂覆层的厚度均匀一致。

(3) 经丝印的基板表面应无杂物及其他多余物。

(4) 严格控制烘烤温度、烘烤时间和通风量。

(5) 在丝印过程中，要严格防止油墨渗流到孔内和沓盘上。

(6) 完工后的半成品要逐块进行外观检查，应无漏印部位、流痕及非需要部位。

3.5.2　丝印工艺的要求

丝印工艺的主要目的就是使整板的两面均匀地涂覆一层液体感光阻焊剂，通过曝光、显影等工序后成为基板表面高可靠的感光层。在工艺操作中，必须注意以下几个方面：

(1) 采用气动绷网时，必须逐步加压，确保绷网质量。

(2) 所采用的液体感光抗蚀剂应严格按照使用说明书进行配制，并充分搅拌至气泡完全消失为止。

(3) 在进行丝印前，必须先用纸张进行试印，以观察透墨量是否均匀。

(4) 预烘时，必须严格控制温度，不能过高或过低，因此采用较高精度的预烘工艺装置显得特别重要。要随时观察温度变化，决不能失控。

(5) 作业环境一定要符合工艺规定。

丝印工艺中的具体要求如下：

1. 油墨黏度调节

液态感光阻焊油墨的黏度主要是通过硬化剂与油墨主剂的配比以及稀释剂添加量来控制的。如果硬化剂的加入量不够，则可能会产生油墨特性的不平衡。硬化剂混合后，在常温下会进行反应，其黏度变化如下：

(1) 30 min 以内：油墨主剂和硬化剂还没有充分融合，流动性不够，印刷时会堵塞丝网。

(2) 30 min～10 h：油墨主剂和硬化剂已充分融合，流动性适当。

(3) 10 h 以后：油墨本身各组成成分间的反应一直主动进行，造成流动性变大，不好印刷。硬化剂混合后的时间越长，树脂和硬化剂的反应也越充分，随之油墨光泽也越好。为使油墨光泽均匀、印刷性好，最好在硬化剂混合后放置 30 min 后再开始印刷。

如果稀释剂加入过多，则会影响油墨的耐热性及硬化性。总之，液态感光阻焊油墨的黏度调节十分重要。黏度过稠，网印困难，网板易黏网；黏度过稀，油墨中的易挥发溶剂量较大，给固化带来困难。

油墨的黏度采用旋转式黏度计测量。在生产中，还要根据不同的油墨及溶剂，具体调整黏度的最佳值。

2. 涂布方式的选择

湿膜涂布的方式有网印型、滚涂型、帘涂型、浸涂型。在这几种方法中，滚涂型方法制作的湿膜表面膜层不均匀，不适合制作高精度印制板；帘涂型方法制作的湿膜表面膜层均匀一致，厚度可精确控制，但帘涂型涂布设备价格昂贵，适合大批量生产；浸涂型方法制作的湿膜表面膜层厚度较薄，抗电镀性差。根据现行 PCB 生产要求，一般采用网印型方法进行涂布。

3. 前处理

湿膜和印制板的黏合是通过化学键合来完成的，通常湿膜是一种以丙烯酸盐为基本成分的聚合物，它通过自由移动的未聚合的丙烯酸盐团与铜结合。丝印工艺采用先化学清洗再机械清洗的方法来确保上述的键合作用，从而使板的表面无氧化、无油污、无水迹。

4. 黏度与厚度的控制

由油墨黏度与稀释剂的关系及相关参数可以看出，在 5% 的点上，湿膜的黏度为 150 PS，低于此黏度印刷的厚度达不到要求。湿膜印刷原则上不加稀释剂，如要添加应控制在 5% 以内。

湿膜的厚度是通过下述公式来计算的：

$$h_w = [h_s - (S \times h_s)] \times P\%$$

式中：h_w 为湿膜厚度；h_s 为丝网厚度；S 为填充面积；P 为油墨固体含量。

以 100 目的丝网为例，丝网厚度为 60 μm，开孔面积为 30%，油墨的固体含量为 50%。由此可得

$$湿膜的厚度 = [60 - (60 × 70\%)] × 50\% = 9(μm)$$

当湿膜用于抗腐蚀时，其膜厚一般要求为 15～20 μm；当用于抗电镀时，其膜厚一般要求为 20～30 μm。因此，湿膜用于抗腐蚀时，应印刷两遍，此时厚度为 18 μm 左右，符合抗腐蚀要求；用于抗电镀时，应印刷 3 遍，此时厚度为 27 μm 左右，符合抗电镀膜厚要求。湿膜过厚易产生曝光不足、显像不良、耐蚀刻差等缺点，抗电镀时会被药水侵蚀，造成脱膜现象，且感压性高，在贴合底片时易产生粘底片情况；湿膜过薄容易产生曝光过度、电镀绝缘性差、脱膜和在膜层上出现电镀金属的现象等缺点，另外，曝光过度时，去膜速度也较慢。

3.6　显影工艺介绍

显影工艺过程是印制电路板制造中最关键的一个工序，要求能够在曝光完成的覆铜板表面上分离出清晰的线路图案。

3.6.1　显影工艺原理及常见问题

水溶性感光膜显影液为 1%～2% 的无水碳酸钠溶液，液温为 30～40℃。显影的速度在一定范围内随温度增高而加快，不同的干膜显影温度略有差别，需根据实际情况调整，温度过高会使膜缺乏韧性变脆。

显影的机理是感光膜中未曝光部分的活性基团与稀碱溶液反应生成可溶性物质进而溶解。显影时活性基团羧基 COOH 与无水碳酸钠溶液中的 Na^+ 作用，生成亲水性集团 COONa，从而把未曝光的部分溶解下来，而曝光部分的干膜不被溶胀。

显影操作一般在显影机中进行，控制好显影液的温度、传送速度、喷淋压力等显影参数，能够得到好的显影效果。

正确的显影时间通过显出点(没有曝光的干膜从印制电路板上被溶解掉的点)来确定，显出点必须保持在显影段总长度的一个恒定百分比上。如果显出点离显影段出口太近，则未聚合的抗蚀膜得不到充分的清洁显影，抗蚀剂的残余可能留在板面上。如果显出点离显影段的入口太近，则已聚合的干膜由于与显影液过长时间的接触，可能被侵蚀而变得发毛，失去光泽。通常显出点控制在显影段总长度的 40%～60%。其显影点的计算方法较为简单，使用一块或几块长的板材，其长度大于等于显影段的长度，贴完膜后不曝光直接显影，当板子的最前端走到显影出口时关闭显影药水的喷淋。根据板子显影的情况可得知显影点在显影段中的位置，从而根据显示情况调整显影速度达到最佳的显影状态。

显影机在使用时由于溶液不断地喷淋、搅动，会出现大量泡沫，因此必须加入适量的消泡剂，如正丁醇、印制板专用消泡剂 AF—3 等。消泡剂开始的加入量为 0.1% 左右，随着显影液溶进干膜，泡沫又会增加，可继续分次补加。部分显影机有自动添加消泡剂的装置。显影后要确保板面上无余胶，以保证基体金属与电镀金属之间有良好的结合力。

在显影的过程中碳酸钠需要不断补充，在某些天气较寒冷地区显影时，其补充碳酸钠

的药桶要有加热装置，以防止显影段由于补充药液导致温度下降造成显影不良。

显影后板面是否有余胶，肉眼很难看出，可用 1% 甲基紫酒精水溶液或 1%～2% 的硫化钠或硫化钾溶液检查，要是甲基紫颜色和浸入硫化物后没有颜色改变说明有余胶。

显影过程中常见问题及其原理和解决方法如表 3.6.1 所示。

表 3.6.1　显影工艺常见问题及原理和解决方法

常见问题	原　因	解决方法
过显影或显影不足	显影点位置不对	调整显影速度、温度
部分显影不足或过显影	消泡剂补充不足，后段清洗问题	补充消泡剂，检查清洗段
	干膜质量差	更换干膜
	储存时受到其他光源的影响	改善储存条件
	曝光过度	使用曝光尺检查曝光强度
	底片问题	使用仪器检查底片的透光率
	真空不良引起底片与基板接触不好而产生虚光	检查设备真空及框架的气密性
	显影液失效	更换显影液
	显影时间短，压力过低，显影液中泡沫过多	检查设备，加消泡剂，测量显影点
	喷嘴堵塞	清洗设备
显影后线条上有毛边	过显影或曝光不足	调整显影速度、温度和溶液浓度，使用曝光尺改善曝光时间
显影段温度高造成过显影	显影段冷凝管堵塞或冷凝水供应不足，加热段失控	检查和清洗设备，检查冷凝水供水系统
显影后干膜的附着力不强	干膜存储条件不符合要求导致失效	改善储存条件
	干膜储存时间过长失效	改善储存条件
线路板上有碎膜且膜中有气泡	环境湿度过大	调整环境湿度
	线路板板前处理不好	检查前处理板保证去除线路板表面的氧化物和油污，并保证表面有一定的粗糙度
	贴膜速度过快或温度不够高	调整速度和温度
	贴膜后切膜留边过长，显影液液位过高，喷淋过滤器失效，溶液失效，清洗段问题	调整手动或自动贴膜机，曝光底片加大边框余量，检查显影液液位、喷淋过滤器，更换溶液检查清洗段
	贴膜温度过高	调整到适合的温度
	贴膜压辊压力过低或有损伤	调整压力，修复或更换压辊
掩膜法的膜破裂	板面不平，有损伤	前道工序加强自检
	孔中有水分	检查前处理烘干段温度，保证孔内水分烘干
	膜强度不够或显影及清洗段喷淋压力过大	换用较厚的膜，如 50 μm 的干膜，调节设备的喷淋压力
	曝光指数不够	提高曝光指数(延长曝光时间)

3.6.2　显影设备的使用及操作

1. 安全注意事项

(1) 在使用时，不要将工件以外的东西放入机内。

(2) 在操作时，避免用手直接接触工件或药液。

(3) 在进行检修时，尽可能在常温下开机。

2. 操作环境

环境温度：显影机的工作环境温度应该为 5～50℃，不论显影机内有无工件。

相对湿度：显影机的工作环境相对湿度范围应为 10%～95%。

运输保管：显影机可在 −25～55℃的范围内被运输及保管。在 24 h 以内，它可以承受不超过 65℃的高温。在运输过程中，尽量避免过高的湿度、振动、压力及机械冲击。

电源：使用两相 380 V 交流电源，并注意接好地线，其接线必须由有执照的电工来进行。

3. 安装注意事项

(1) 显影机应工作在洁净的环境中，以保证显影质量。

(2) 不要在露天、高温多湿的条件下使用、存储机器。

(3) 不要将机器安装在被阳光直射的窗口下。

(4) 用通风管把轴流通风机连接好，一头接通显影机，另一头接通出口。

(5) 把各皮带都套上。

(6) 检修机器时，关机切断电源，以防触电或造成短路。

(7) 机器经过移动后，须对各部件进行检查。

(8) 机器应保持平稳，不得有倾斜或不稳定的现象。

(9) 操作时，注意避免让皮肤直接接触到药液。

(10) 工作完成后，注意妥善保存药液，避免挥发结晶。

4. 具体参数及结构

1) 设备参数

(1) 设备尺寸：970 mm × 760 mm × 630 mm。

(2) 有效显影宽度：400 mm。

(3) 电源：5 kW、380 V。

(4) 传动速度：0～20 m/min。

(5) 重量：280 kg。

(6) 显影方式：摆动喷淋传动式。

(7) 适用：PCB 干湿膜及感光阻焊油墨(绿油)的显影。

2) 设备结构

显影机的结构如图 3.6.1 所示。

图 3.6.1　显影机的结构

5. 操作过程

(1) 先打开温控，使液体的真实温度达到 32℃ 左右。(这里所说的真实温度是指恒温。)

(2) 开启传输，然后调整传输速度，使传输速度达到想要的标准。

(3) 开启冷却风机使气味能第一时间排出。

(4) 准备好后，调好时间，打开显影开始开关(40～60 s，32℃)。

(5) 把贴好膜的板子撕去上表面的保护塑料膜，放入传输带上。

(6) 在传输带的另一端取出显影好的板子。

(7) 认真检查，显影成功后，用水冲洗干净，吹干。((1)～(7)的操作全在黄光室进行。)

(8) 显影成功后，进行第二次曝光。

6. 基本维护与保养

开机检查：开机前要检查机器的工作电压是否在安全范围内或是否稳定，以保证机器各部件可正常安全工作。同时检查核对开机时与上一次关机时的各种设置参数是否一致。关机时不可让药液处于机器内，以免药液在机器内挥发和结晶。

地线：机器使用三相四线制时，实际使用中必须增加一条地线将机器同大地连接起来，开机前须检查地线是否接通。(三相五线制则更好。)

7. 使用注意事项

(1) 在显影前 20 min 加热液体，确保显影时温度正常。

(2) 显影温度过高或显影时间过长会破坏胶膜的表面硬度和耐化学性，而浓度和温度过低会影响显影的速度。因此浓度和温度以及显影时间均要控制在合适的范围内。

(3) 为保证显影的效果，可根据显影液内的溶膜量(一般为 0.25 m^2)不断添加新鲜的显影液，使显影液浓度保持在 1%～2%。

(4) 显影前要先摇摆，使显影的面积匀称。

(5) 显影完毕后，切勿将板子拿出黄光室，一定要检查显影成功后，再拿出黄光室，进行第二次曝光。如不成功，再进行显影(是在没出黄光室的前提下)，如板拿出黄光室才发现不成功，就需退膜，重新贴膜开始。

3.7 蚀刻工艺介绍

3.7.1 蚀刻液

碱性蚀刻液分为母液和子液，母液是开缸槽液，子液是独立添加液。其成分指标如表 3.7.1 所示。

表 3.7.1 蚀刻液成分

成分指标 \ 碱性蚀刻液	母 液	子 液
铜含量/(g/L)	150 ± 5	
氯含量/M	4.8 ± 0.2	4.8 ± 0.2
PH 值	8.6 ± 0.25	9.6 ± 0.25
比重	1.18 ± 0.01	1.05 ± 0.02

3.7.2 蚀刻工艺操作规范

(1) 净槽。使用前先将蚀刻机用常规的碱和酸清洗后，用 5% 的盐酸清洗，再用 5% 的氨水搅拌 10 min 后排出洗液。

(2) 加料调速。加入母液至液面，升温至 48℃ 以上即开始蚀刻，先以刷磨过的裸铜板测试上下压，调整传动速度，即可正式生产。

(3) 蚀刻最佳操作范围如表 3.7.2 所示。

表 3.7.2 蚀刻最佳操作范围

铜含量	氯含量	PH 值	比 重	温 度	喷 压
140～160 g/L	4.07～5.5 M	8.2～8.9	1.19～1.21	50～52℃	18～25 PSI

(4) 蚀刻速度，如表 3.7.3 所示(裸铜板测试，与设备蚀刻段的长短相关；蚀刻因子大于 2.5)。

表 3.7.3 蚀刻速度

铜 厚	0.50 mm	1.00 mm	2.00 mm
时间/s	25 左右	40～50	80～90

3.7.3 蚀刻液的添加方式

1. 手动添加

当比重超过 1.21 或铜含量超过 160 g/L 时，可除去 1/5 槽液，并添加子液至液面，因换液后溶液温度会下降，所以需等溶液循环 5～10 min 后才能恢复蚀刻。蚀刻液长时间不用或抽风太强 PH 值会降到 8.0 以下，板面的铅锡洁白效果会降低，此时可添加

20 L 左右的氨水恢复 PH 值及板面的洁白度，氨水添加时宜循环慢加，以免破坏成分比例。

2. 自动添加

当工作温度达到后，设定比重 1.21 或铜含量 150 g/L，自动添加开始动作时，取槽液测试含铜量和比重，了解与设定值之间的误差。自动添加器必须只有在温度达到后才能启动 (铜含量一定，温度不同比重不同)。因管路输送的关系，当槽液在自动控制器值为 150 g/L 时，槽内的实际含铜量会超过 150 g/L，通常有 ±5 g/L 的误差，要正确掌握。

3.7.4　槽液维护和管理

(1) 定期检查自动控制比重和槽液比重是否相符，并适当校正。

(2) 定期分析槽液的 PH 值、铜含量和氯含量，汇总制成图表以做参考。

(3) 当蚀刻液长期不使用时，可多加子液以避免氨气的过量损失。

(4) 添加氯化铵时应先在槽外溶解再加入槽内，其添加量的计算为(氯含量单位为 g/L)

$$添加量(kg) = (氯标准值 - 分析值) \times 槽体升数 \times 0.001\ 51$$

(5) 同样的溶液 PH 值在 50℃与常温时会表现不同的值，换算公式如下：

$$PH(50℃) = PH(T) - 0.021 \times (50 - T)$$

例如 $T = 24℃$ 时，

$$PH(50℃) = PH(24℃) - 0.021 \times (50 - 24) = 8.86 - 0.021 \times 26$$

(6) 溶液 PH 值的影响因素：温度、校正用的标准液、设备等。

(7) 同样的溶液在 50℃与常温时比重不同，约差 0.01，比重差 0.01 相应的铜含量约差 10 g/L，如表 3.7.4 所示。

表 3.7.4　50℃和 25℃溶液的比重和铜含量

50℃时比重	25℃时比重	铜含量相差值/(g/L)
1.190	1.200	140
1.200	1.210	150
1.210	1.220	160
1.215	1.225	165

3.7.5　蚀刻液分析

1. 铜含量的测定

方法：吸取 10 mL 槽液于 250 mL 的锥形瓶中，加 100 mL 水，加入 50%硫酸至溶液蓝色消失为止；加入 50%的 KCNS 10 mL、KI 1 g、淀粉指示剂 5 mL；用 0.1N 的 $Na_2S_2O_3$ 标准液滴至蓝色刚好消失，记下所耗用的 $Na_2S_2O_3$ 的体积数 V。

计算：

$$铜含量(g/L) = 6.4 \times NV$$

式中：N 为 $Na_2S_2O_3$ 标准液的实际当量浓度；V 为所耗用的 $Na_2S_2O_3$ 滴定体积数。

2. 氯含量的测定

需要试剂：0.5 M $AgNO_3$ 溶液、25% HNO_3 溶液、K_2CrO_4 指示剂。

方法：

(1) 取 1.0 mL 样品到 250 mL 烧杯中，加 30 mL 水；若样品为无铜的子液则加 1 mL 5% 的硫酸铜溶液使其变为蓝色，含铜的槽液不需添加；用 25% HNO_3 溶液加入样品中以调整溶液颜色至透明，微带浅蓝色的状态(须小心不可过量，否则要滴加氨水还原成深色后再重复操作)。

(2) 加入数滴 K_2CrO_4 指示剂(注意指示剂加入后须仍为清澈透明，否则可滴加 25% HNO_3 调整，此时溶液微带浅绿色)；用 0.5 M $AgNO_3$ 溶液滴定，同时搅拌被滴定溶液，不可有大颗粒的沉淀产生，溶液沉淀物由粉白转为出现褐色颗粒时即为终点，记下所耗用的 $AgNO_3$ 溶液体积数 V。

计算：

$$氯含量(g/L) = 17.75 \times V, \quad 氯含量(M) = 0.5 \times V$$

式中：V 为所耗用的 $AgNO_3$ 溶液滴定体积数。

3.7.6　蚀刻工艺中常见问题与对策

蚀刻工艺常见问题及解决方法如表 3.7.5 所示。

表 3.7.5　蚀刻工艺常见问题及对策

问　题		可　能　原　因	对　策
速度降低		温度低或加热失灵，比重高，铜含量大	加热升温，添加子液
蚀刻不匀	上下两面	喷嘴阻塞，喷嘴方向不好，滚轮位置不好，喷管流量不匀	检查喷管(嘴)，调整喷嘴位置和角度，调整滚轮位置，调压
	局部	显影去膜不彻底，干膜制程发生膜渣，压膜前板面清洁不够，去膜液碱性太强，电镀渗锡	重新去膜，修补底片上微孔，加强清洁，降低碱性，改善电镀
有沉淀		氯-铜比值不对；PH 低或漏水，进水太多；比重过高	调整氯-铜比值，提高 PH 值，添加子液
侧蚀大，蚀铜过度		PH 值过高，速度太慢，压力过大，比重太低	降低 PH 值，加速，降压，增加铜浓度
蚀铜不足		传动速度太快，PH 低，比重太高，温度太低，喷压不够	处理好速度、浓度、温度、厚度的相互关系
板传送走偏		装机不水平，上下或单面喷压不匀，传动部件失灵	修正，检修设备，检修设备
结晶太多		PH 值低于 8.0	检查添加系统和抽风
阻剂剥落		PH 值过高	了解抗蚀剂的抗碱度

3.7.7　蚀刻设备的使用及操作

1. 安全注意事项

(1) 在使用时，不要将工件以外的东西放入机内。

(2) 在操作时，避免用手直接接触工件或药液。

(3) 在进行检修时，尽可能在常温开机。

2．操作环境

环境温度：蚀刻机的工作环境温度应该在 5～50℃，不论蚀刻机内有无工件。

相对湿度：蚀刻机的工作环境相对湿度范围应在 10%～95%。

运输保管：蚀刻机可在 –25～55℃的范围内被运输及保管。在 24 h 以内，它可以承受不超过 65℃的高温。在运输过程中，尽量避免过高的湿度、振动、压力及机械冲击。

3．电源

蚀刻机使用两相 380 V 交流电源，使用时注意接好地线，其接线必须由有执照的电工来进行。

4．安装注意事项

(1) 蚀刻机应工作在洁净的环境中，以保证蚀刻质量。

(2) 不要在露天、高温多湿的条件下使用、存储机器。

(3) 不要将机器安装在被阳光直射的窗口下。

(4) 用通风管把轴流通风机连接好，一头接通蚀刻机，另一头接通出口。

(5) 把各皮带都套上。

(6) 检修机器时，关机切断电源，以防触电或造成短路。

(7) 机器经过移动后，须对各部件进行检查。

(8) 机器应保持平稳，不得有倾斜或不稳定的现象。

(9) 操作时，避免让皮肤直接接触到药液。

(10) 完成后，妥善保存药液，避免挥发结晶。

5．具体参数

设备参数如下：

(1) 设备尺寸：970 mm × 760 mm × 630 mm。

(2) 有效蚀刻宽度：400 mm。

(3) 电源：5 kW、380 V。

(4) 传动速度：0～20 m/min。

(5) 重量：280 kg。

(6) 蚀刻方式：摆动喷淋传动式。

(7) 适用：PCB 干湿膜及感光阻焊油墨(绿油)的蚀刻。

6．操作过程

蚀刻工艺的操作过程如下：

(1) 先打开温控，使液体的真实温度达到 32℃左右。(这里所说的真实温度是指恒温。)

(2) 开启传输，然后调整传输速度，使传输速度达到想要的标准。

(3) 开启冷却风机使气味能第一时间排出。

(4) 准备好后，调好时间，打开蚀刻开始开关(40～60 s，32℃)。

(5) 把贴好膜的板子撕去上表面的保护塑料膜，放入传输带上。

(6) 在传输带的另一端取出蚀刻好的板子。

(7) 认真检查，蚀刻成功后，用水冲洗干净，吹干。((1)～(7)的操作全在黄光室进行。)

(8) 蚀刻成功后，进行第二次曝光。

7. 基本维护与保养

开机检查：开机前要检查机器的工作电压是否在安全范围内或是否稳定，以保证机器各部件可正常安全工作。同时检查核对开机时与上一次关机时的各种设置参数是否一致。关机时不可让药液处于机器内，以免药液在机器内挥发和结晶。

地线：机器使用三相四线制时，实际使用中必须增加一条地线将机器同大地连接起来，开机前须检查地线是否接通。(三相五线制则更好。)

8. 使用注意事项

蚀刻工艺过程中，注意事项如下：

(1) 在蚀刻前 20 min 加热液体，确保蚀刻时温度正常。

(2) 蚀刻温度过高或蚀刻时间过长会破坏胶膜的表面硬度和耐化学性，而浓度和温度过低会影响蚀刻的速度。因此浓度和温度以及蚀刻时间均要控制在合适的范围内。

(3) 为保证蚀刻的效果，可根据蚀刻液内的溶膜量(一般为 0.25 m^2)而不断添加新鲜的蚀刻液，使蚀刻液浓度保持在 1%～2%。

(4) 蚀刻开始前先摇摆，使蚀刻的面积匀称。

(5) 蚀刻完毕后，切勿将板子拿出黄光室，一定要检查蚀刻成功后，拿出黄光室，进行第二次曝光。如不成功，再进行蚀刻(是在没出黄光室的前提下)，如板拿出黄光室才发现不成功，就需退膜，重新贴膜开始。

3.8　实 训 项 目

3.8.1　数字钟制作实验(THT 封装)

1. 原理简介

数字钟电路采用一只 PMOS 大规模集成电路，包括 LM8560 或 TMS3450NL、SC8560、CD8560 和四位 LED 显示屏等部分，通过驱动显示屏显示时、分，振荡部分采用了石英晶体作时基信号源，从而保证了走时的精度。本电路还供有定时报警功能，它定时调整方便，电路稳定可靠，能耗低。本集成电路采用插座插装，制作成功率高，非常适合大中专及职业院校学生装配使用，有效提高学生的动手能力。本电路还可扩展成具有定时控制交流开关(小保姆式)等功能电路。

数字钟制作实验一般用于相对复杂，同时对外观和安全要求较高的产品的制作、试验测试和样品试制的过程中小批量电路板的制作时使用。该实验较多的用于配合电工电子、数字电子技术等课程的实验教学，或是参加各类竞赛样品的制作以及学校电子专业实习实训的要求。

2. 实验目的

(1) 熟悉电路板设计软件的使用。

(2) 掌握简易工业电路板制作的工艺过程。

(3) 熟悉和使用电路板钻铣机、曝光机、显影机、镀锡机、OSP 助焊机的使用方法。

(4) 完成工业级单面板样板的制作。

3. 实验器材

(1) 裁板机。

(2) 打磨机。

(3) 自动钻铣机。

(4) 手动丝印机。

(5) 电镀铅锡机。

(6) 烘箱。

(7) 曝光机。

(8) 显影机。

(9) 单面覆铜板若干，各种规格刀具和钻头若干，以及其他实验器材。

4. 电路板数据处理

(1) 使用 Protel 99 SE 软件打开数字钟.PCB 文件，如图 3.8.1 所示。

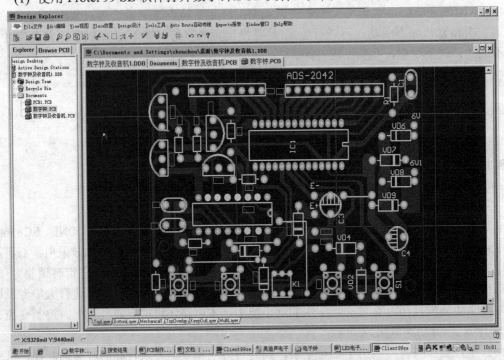

图 3.8.1 数字钟 PCB 图

(2) 打开文件菜单，选择设置打印机，选择完打印机后，单击"Layers"，弹出对话框如图 3.8.2 所示。在 Signal Layers 栏中勾选 BottomLayer(底层)选项，在 Pad Master 栏中勾选 Bottom(底层)选项。完成后，单击"OK"。

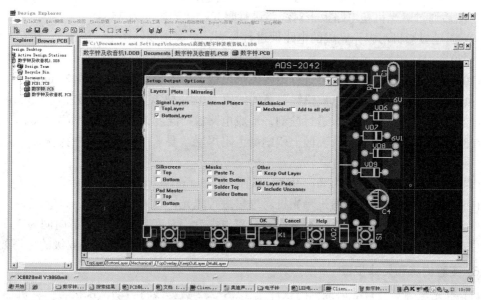

图 3.8.2　打印机设置

(3) 然后，将激光打印菲林纸，放入打印机，选择打印，打印出两张图，如图 3.8.3 所示。

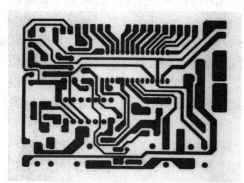

(a) 电路板线路菲林　　　　　　　　　　　　　　(b) 线路板焊盘菲林

图 3.8.3　打印图

5. 电路板制作流程

(1) 用裁板机将大块的单面覆铜板裁切成合适的尺寸。

(2) 将裁切好的覆铜板表面用打磨机进行打磨，去除覆铜板表面的氧化层。

(3) 将覆铜板固定在自动线路板钻铣机的工作平台上，并将自动钻铣机与电脑正确连接。

(4) 正确安装自动钻铣机的驱动软件，选配合适的刀具正确安装在自动钻铣机主轴上，调整初始位置，并开始进行自动钻孔。

(5) 按照系统提示，正确及时更换钻头。

(6) 在镀铜完成的电路板上利用丝印机在电路板表面涂敷一层感光材料(又叫湿膜)。要求在暗室环境中操作，避免意外曝光，且必须保证涂敷层均匀。

(7) 利用烘箱将涂敷层烘干，温度为 80～90℃，时间为 15 min，当涂敷层不粘手即可。

(8) 将制作好的电路板线路菲林覆盖在涂敷好感光层的电路板上，要求能够遮住所有的孔，然后通过曝光机在电路板上对线路进行曝光，曝光时间为 35 s。

(9) 通过显影机对曝光完成的电路板进行显影，分离出线路图形，温度为 35℃，显影时间为 50 s。

(10) 在现已完成的电路板上进行铅锡图形电镀，电流为 1 A，时间为 20 min。

(11) 将感光膜退去，留下被铅锡覆盖的线路，采用 5%的 NaOH 溶液浸泡 5 min。

(12) 对退膜完成的线路板进行蚀刻，形成电路板，温度为 45℃，时间为 100 s。

(13) 在蚀刻完成的电路板表面上印刷绿色阻焊层。要求在暗室环境中操作，避免意外曝光，且必须保证涂敷层均匀。

(14) 将绿油烘干，温度为 80～90℃，时间为 15 min，当涂敷层不粘手即可。

(15) 制作焊盘菲林，并通过曝光机对焊盘进行曝光，曝光时间为 35 s。

(16) 通过显影机对电路板进行显影，分离出焊盘，温度为 35℃，显影时间为 35 s。

(17) 利用 OSP 助焊机在焊盘上镀一层有机助焊层，使电路板达到工业级的可焊效果。

6. 实验内容和具体步骤

(1) 首先正确安装自动钻铣机的软件，用 RS-232 数据线将自动钻铣机与计算机连接起来。将打磨好的覆铜板用双面胶固定在自动钻铣机的工作平台上。

(2) 将电路板的图纸通过设计软件导出一个 PCB 2.8 格式的文件(注意必须含外形边框图层)，运行钻铣机的驱动程序。在这个程序中，选择打开导出的文件，在钻铣机软件的操作界面上会形成所要雕刻的电路板图形，在刀具列表中选择不同刀具，软件界面会形成清晰度不同的图形。当所选用的刀具形成的图形很清晰时，即可将与所选中的刀具相对应尺寸的刀具安装在钻铣机的主轴上。

(3) 调节钻铣机上 X、Y、Z 轴的按钮及旋钮，将主轴调节到工作台面上覆铜板的右下角，并让刀具的尖正好与覆铜板相接触。

(4) 在钻铣机的软件界面上选择钻孔工艺，自动钻铣机可以自动先打定位孔。

(5) 然后，在钻铣机的软件界面上选择钻孔，系统会提示所需钻头的尺寸，按要求更换钻头，钻铣机会自动完成钻孔。

(6) 将钻孔完成的电路板放到丝印机的工作平台上，利用手动丝印机配合丝网模板，在电路板正面的表面均匀的涂敷一层感光材料(操作过程注意避光)。

(7) 用烘箱对涂敷好的电路板进行烘干。烘干温度为 80℃，时间为 15 min。烘干后可拿出电路板，在避光处晾晒 3～5 min，不粘手即可使用。

(8) 制作线路图形层菲林：先将菲林纸放入打印机中，用 Protel 打开所要做的电路板，在打印选项中选择打印顶层或者底层即可。

(9) 将菲林覆于涂有湿膜的电路板上，注意需要仔细的检查电路板的孔与线路菲林是否准确的一一对准。一起放入曝光机中，曝光 30 s 左右。

(10) 将曝完光的电路板放入显影机中进行显影，温度为 35～40℃，时间为 40～60 s。显影完成后，电路板应为仅有线路图形裸露，其他部分被湿膜覆盖。如果实验效果不佳，可采用退膜液进行浸泡退掉湿膜，然后重复刷湿膜、烘干、曝光、显影过程。

(11) 将显影完成的电路板放入镀锡机内，进行电镀铅锡处理(电流为 1.2 A/100 cm^2，时间为 15～20 min)。

(12) 将镀完铅锡的电路板放入自动蚀刻机中，进行线路蚀刻(蚀刻液温度为 40℃左右，蚀刻时间为 50 s 左右)。

(13) 蚀刻完成后，利用手动丝印机配合丝网模板，在电路板的表面均匀的涂敷一层阻焊层(又叫绿油，避光保存，分两罐装，大罐为感光阻焊油墨，小罐为固化剂，使用时按照 3∶1 的比例混合，并充分搅拌，操作过程注意避光)。

(14) 利用烘箱对涂敷好的电路板进行烘干。烘干温度为 80℃，时间为 15 min。烘干后可拿出电路板，在避光处晾晒 3～5 min，不粘手即可使用。

(15) 制作焊盘层菲林：先将菲林纸放入打印机中，用 Protel 打开所要做的电路板，在打印选项中选择打印焊盘(Pad)图层即可。

(16) 将菲林覆于涂有阻焊层的电路板上，注意需要仔细的检查电路板的焊盘与焊盘层菲林是否准确的一一对准。一起放入曝光机中，曝光 40 s。

(17) 将曝完光的电路板放入显影机中进行显影，温度为 35～40℃，时间为 40～60 s。显影完成后，电路板应为仅有焊盘裸露，其他部分被绿油覆盖。如果实验效果不佳，则可采用退膜液进行浸泡退掉绿油，然后重复刷绿油、烘干、曝光、显影过程。

(18) 将制作好的电路板依次放入 OSP 助焊机的四个槽体内，完成整个工艺。成品电路板应为电路板线路清晰，绿油光泽度良好，仅有焊盘层裸露并且图案清楚，焊盘为均匀的橘黄色或暗红色。

7. 实验报告要求

(1) 整理实验结果，填入相应表格中。

(2) 小结实验心得体会。

3.8.2　收音机制作实验(SMT 封装)

1. 原理简介

收音机电路采用一只 PMOS 大规模集成电路包括 LM8560 或 TMS3450NL、SC8560、CD8560 和四位 LED 显示屏等部分。本集成电路制作成功率高，非常适合大中专及职业院校学生装配使用，有效提高学生的动手能力。本电路还可扩展成具有定时控制交流开关(小保姆式)等功能电路。

收音机制作实验一般用于相对复杂，同时对外观和安全要求较高的产品的制作、试验测试和样品试制的过程中小批量电路板的制作时使用。该实验较多的用于配合电工电子、数字电子技术等课程的实验教学，或是参加各类竞赛样品的制作以及学校电子专业实习实训的要求。收音机制作实物图如图 3.8.4 所示。

图 3.8.4　收音机实物图

2. 实验目的

(1) 熟悉电路板设计软件的使用。

(2) 掌握简易工业电路板制作的工艺过程。

(3) 熟悉和使用电路板钻铣机、曝光机、显影机、镀锡机、OSP 助焊机的使用方法。

(4) 完成工业级单面板样板的制作。

3. 实验器材

(1) 裁板机。

(2) 打磨机。

(3) 自动钻铣机。

(4) 手动丝印机。

(5) 电镀铅锡机。

(6) 烘箱。

(7) 曝光机。

(8) 显影机。

(9) 单面覆铜板若干，各种规格刀具和钻头若干，以及其他实验器材。

4. 电路板数据处理

(1) 使用 Protel 99 SE 软件打开收音机.PCB 文件，如图 3.8.5 所示。

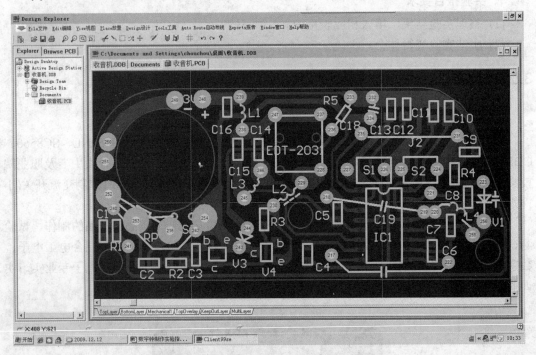

图 3.8.5　收音机 PCB 图

(2) 打开文件菜单，选择设置打印机，选择完打印机后，单击"Layers"，弹出对话框如图 3.8.6 所示。在 Signal Layer 栏中勾选 BottomLayer(底层)选项，在 Pad Master 栏中勾选 Bottom(底层)选项。完成后，单击"OK"。

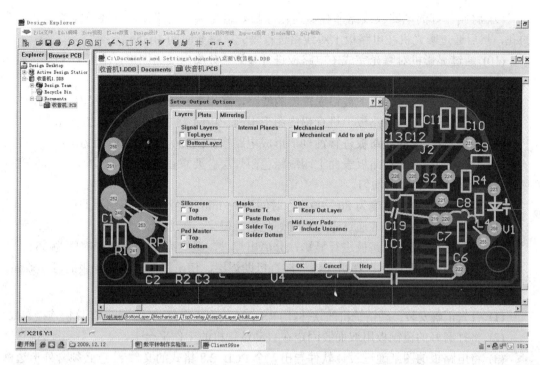

图 3.8.6　打印机设置

(3) 然后，将激光打印菲林纸，放入打印机，选择打印，打印出两张图，如图 3.8.7 所示。

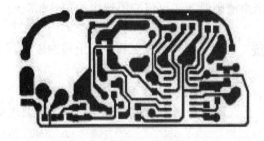

(a) 电路板线路菲林　　　　　　　　　　　　(b) 线路板焊盘菲林

图 3.8.7　打印图

5. 电路板制作

(1) 用裁板机将大块的单面覆铜板裁切成合适的尺寸。

(2) 将裁切好的覆铜板表面用打磨机进行打磨，去除覆铜板表面的氧化层。

(3) 将覆铜板固定在自动线路板钻铣机的工作平台上，并将自动钻铣机与电脑正确连接。

(4) 正确安装自动钻铣机的驱动软件，选配合适的刀具正确安装在自动钻铣机主轴上。

(5) 调整初始位置，并开始进行自动钻孔。

(6) 按照系统提示，正确及时更换钻头。

(7) 在镀铜完成的电路板上利用丝印机在电路板表面涂敷一层感光材料(又叫湿膜)。要求在暗室环境中操作，避免意外曝光，且必须保证涂敷层均匀。

(8) 利用烘箱将涂敷层烘干，温度为 80～90℃，时间为 15 min，当涂敷层不粘手即可。

(9) 将制作好的电路板线路菲林覆盖在涂敷好感光层的电路板上，要求能够遮住所有的孔，然后通过曝光机在电路板上对线路进行曝光，曝光时间为 35 s。

(10) 通过显影机对曝光完成的电路板进行显影，分离出线路图形，温度为 35℃，显影时间为 50 s。

(11) 将感光膜退去，留下被铅锡覆盖的线路，采用 5%的 NaOH 溶液浸泡 5 min。

(12) 在现已完成的电路板上进行铅锡图形电镀，电流为 1 A，时间为 20 min。

(13) 对退膜完成的线路板进行蚀刻，形成电路板，温度为 45℃，时间为 100 s。

(14) 在蚀刻完成的电路板表面上印刷绿色阻焊层。要求在暗室环境中操作，避免意外曝光，且必须保证涂敷层均匀。

(15) 将绿油烘干，温度为 80～90℃，时间为 15 min，当涂敷层不粘手即可。

(16) 制作焊盘菲林，并通过曝光机对焊盘进行曝光，曝光时间为 35 s。

(17) 通过显影机对电路板进行显影，分离出焊盘，温度为 35℃，显影时间为 35 s。

(18) 利用 OSP 助焊机在焊盘上镀一层有机助焊层，使电路板达到工业级的可焊效果。

6. 实验内容和步骤

(1) 首先正确安装自动钻铣机的软件，用 RS-232 数据线将自动钻铣机与计算机连接起来。

(2) 将打磨好的覆铜板用双面胶固定在自动钻铣机的工作平台上。

(3) 将电路板的图纸通过设计软件导出一个 PCB 2.8 格式的文件(注意必须含外形边框图层)，运行钻铣机的驱动程序。在这个程序中，选择打开导出的文件，在钻铣机软件的操作界面上会形成所要雕刻的电路板图形，在刀具列表中选择不同刀具，软件界面会形成清晰度不同的图形。当所选用的刀具形成的图形很清晰时，即可将与所选中的刀具相对应尺寸的刀具安装在钻铣机的主轴上。

(4) 调节钻铣机上 X、Y、Z 轴的按钮及旋钮，将主轴调节到工作台面上覆铜板的右下角，并让刀具的尖正好与覆铜板相接触。

(5) 在钻铣机的软件界面上选择钻孔工艺，自动钻铣机可以自动先打定位孔。

(6) 然后，在钻铣机的软件界面上选择钻孔，系统会提示所需钻头的尺寸，按要求更换钻头，钻铣机会自动完成钻孔。

(7) 将钻孔完成的电路板放到丝印机的工作平台上，利用手动丝印机配合丝网模板，在电路板正面的表面均匀的涂敷一层感光材料(操作过程注意避光)。

(8) 用烘箱对涂敷好的电路板进行烘干，烘干温度为 80℃，时间为 15 min。烘干后可拿出电路板，在避光处晾晒 3～5 min，不粘手即可使用。

(9) 制作线路图形层菲林：先将菲林纸放入打印机中，用 Protel 打开所要做的电路板，在打印选项中选择打印顶层或者底层即可。

(10) 将菲林覆于涂有湿膜的电路板上，注意需要仔细的检查电路板的孔与线路菲林是否准确的一一对准。一起放入曝光机中，曝光 30 s 左右。

(11) 将曝完光的电路板放入显影机中进行显影，温度为 35～40℃，时间为 40～60 s。显影完成后，电路板应为仅有线路图形裸露，其他部分被湿膜覆盖。如果实验效果不佳，可采用退膜液进行浸泡退去湿膜，然后重复刷湿膜、烘干、曝光、显影过程。

(12) 将显影完成的电路板放入镀锡机内，进行电镀铅锡处理(电流为 1.2 A/100 cm², 时间为 15～20 min)。

(13) 将镀完铅锡的电路板放入自动蚀刻机中,进行线路蚀刻(蚀刻液温度为 40℃ 左右,蚀刻时间为 50 s 左右)。

(14) 蚀刻完成后,利用手动丝印机配合丝网模板,在电路板的表面均匀的涂敷一层阻焊层(又叫绿油,避光保存,分两罐装,大罐为感光阻焊油墨,小罐为固化剂,使用时按照 3∶1 的比例混合,并充分搅拌,操作过程注意避光)。

(15) 利用烘箱对涂敷好的电路板进行烘干。烘干温度为 80℃,时间为 15 min。烘干后可拿出电路板,在避光处晾晒 3～5 min,不粘手即可使用。

(16) 制作焊盘层菲林:先将菲林纸放入打印机中,用 Protel 打开所要做的电路板,在打印选项中选择打印焊盘(Pad)图层即可。

(17) 将菲林覆于涂有阻焊层的电路板上,注意需要仔细的检查电路板的焊盘与焊盘层菲林是否准确的一一对准。一起放入曝光机中,曝光 40 s。

(18) 将曝完光的电路板放入显影机中进行显影,温度为 35～40℃,时间为 40～60 s。显影完成后,电路板应为仅有焊盘裸露,其他部分被绿油覆盖。如果实验效果不佳,则可采用退膜液进行浸泡退去绿油,然后重复刷绿油、烘干、曝光、显影过程。

(19) 将制作好的电路板依次放入 OSP 助焊机的四个槽体内,完成整个工艺。成品电路板应为电路板线路清晰,绿油光泽度良好,仅有焊盘层裸露并且图案清楚,焊盘为均匀的橘黄色或暗红色。

7. 实验报告要求

(1) 整理实验结果,填入相应表格中。

(2) 小结实验心得体会。

3.8.3　双面电路板机械雕刻制板实验

双面电路板机械雕刻制板实验一般用于相对复杂程度要求不高的单个产品的设计与开发过程中,也用于试验测试和样品试制的过程中单块电路板的制作,较多的用于课题设计或毕业设计中样品的制作。

1. 实验目的

(1) 熟悉电路板设计软件的使用。

(2) 掌握机械雕刻制作双面电路板的工艺过程。

(3) 熟悉电路板雕刻机的使用方法。

(4) 完成双面板样板的制作。

2. 实验器材

(1) 脚踏裁板机。

(2) 打磨机。

(3) 自动钻铣机 HW-K190。

(4) 镀铜槽 HOWVIEW-DT100。

(5) 双面覆铜板若干,各种规格刀具和钻头若干。

3. 实验过程说明

(1) 采用脚踏裁板机将大块的覆铜板裁切成合适的尺寸。

(2) 将裁切好的覆铜板表面用打磨机进行打磨，去除覆铜板表面的氧化层。

(3) 将覆铜板固定在自动钻铣机的工作平台上，并将自动钻铣机与电脑正确连接。

(4) 正确安装自动钻铣机的驱动软件，选配合适的刀具正确安装在自动钻铣机的主轴上。

(5) 设置初始位置，并开始自动进行钻孔。

(6) 按照系统提示，正确及时更换钻头。

(7) 对钻好孔的电路板进行过孔电镀。

(8) 将线路板放回钻铣机的平台上，完成正面雕刻和背面雕刻以及切边的工艺。

4. 实验内容和步骤

1) 裁板

量好要加工的电路板的详细尺寸，将大块覆铜板放在裁板机工作台面上，切刀对准具体要切位置，用力踩踏裁板机脚踏杠，完成切割。

注意：

(1) 裁板操作时，手要远离切刀，避免被误伤。

(2) 覆铜板要裁切的略大于实际电路板的需要。

2) 打磨

将水砂纸固定在打磨机上，将砂纸的打磨面压在覆铜板上，按下开关，即可进行打磨，直至整块覆铜板非常光亮为止。

3) 钻孔

(1) 首先正确安装自动钻铣机的软件，用 RS-232 数据线将自动钻铣机与计算机连接起来。

(2) 将打磨好的覆铜板用双面胶固定在自动钻铣机的工作平台上。

(3) 将电路板的图纸通过设计软件导出一个 PCB 2.8 格式的文件(注意必须含外形边框图层)，运行钻铣机的驱动程序。在这个程序中，选择打开导出的文件，在钻铣机软件的操作界面上会形成所要雕刻的电路板的图形，在刀具列表中选择不同刀具，软件界面会形成清晰度不同的图形。当所选用的刀具形成的图形很清晰时，即可将与所选中的刀具相同尺寸的刀具安装在钻铣机的主轴上。

(4) 调节钻铣机上 X、Y、Z 轴的按钮及旋钮，将主轴调节至工作台面上覆铜板的右下角，并让刀尖正好与覆铜板相接触。

(5) 在钻铣机的软件界面上选择钻孔工艺，自动钻铣机可以自动先打定位孔。

(6) 然后，在钻铣机的软件界面上选择钻孔，系统会提示所需钻头的尺寸，按要求更换钻头，钻铣机会自动完成钻孔。

(7) 钻孔完成后，可以将钻完孔的电路板从自动钻铣机上取下来，在所有孔内涂敷导电胶，然后，将电路板放入电镀槽内进行过孔电镀(电流为 1.2 A/100 cm^2，时间为 15~20 min)。

(8) 将电镀完成的覆铜板放回钻铣机的工作平台上，并按照定位孔定好位，然后，对覆铜板进行铣切加工，除去多余的铜，仅留下线路。正面完成后，将电路板翻面，利用定位孔将线路板重新定位，再加工背面，完成后简单的双面电路板即完成制作。使用时仅需要在焊盘上涂上助焊剂，即可将元器件焊接在线路板上，进行功能测试和分析了。

5. 实验报告要求

(1) 整理实验结果，填入相应表格中。

(2) 小结实验心得体会。

3.8.4　工业级单面电路板机械雕刻制板实验

工业级单面电路板机械雕刻制板实验一般用于相对复杂程度要求不高的，但对外观和安全要求较高的单个产品的设计与开发过程中，也用于试验测试和样品试制的过程中单块电路板的制作，较多的用于课题设计或毕业设计中样品的制作，或是参加各类竞赛样品的制作。

1. 实验目的

(1) 熟悉电路板设计软件的使用。

(2) 掌握工业级机械雕刻制作单面电路板的工艺过程。

(3) 熟悉电路板钻铣机、曝光机、显影机、OSP 助焊机的使用方法。

(4) 完成工业级单面板样板的制作。

2. 实验器材

(1) 脚踏裁板机。

(2) 打磨机。

(3) 自动钻铣机 HW-K190。

(4) 手动丝印机。

(5) 烘箱。

(6) 曝光机。

(7) 显影机。

(8) 单面覆铜板若干，各种规格刀具和钻头若干，以及其他实验器材。

3. 实验过程说明

(1) 采用脚踏裁板机将大块的覆铜板裁切成合适的尺寸。

(2) 将裁切好的覆铜板表面用打磨机进行打磨，去除覆铜板表面的氧化层。

(3) 将覆铜板固定在自动钻铣机的工作平台上，并将自动钻铣机与电脑正确连接。

(4) 正确安装自动钻铣机的驱动软件，选配合适的刀具正确安装在自动钻铣机的主轴上。

(5) 调整好工作的初始位置，并开始自动进行雕刻和钻孔。按照系统提示，正确及时更换钻头。

(6) 在雕刻完成的电路板表面上印刷绿色阻焊层。

(7) 将绿油烘干。

(8) 制作焊盘菲林，并通过曝光机对焊盘进行曝光。

(9) 通过显影机对电路板进行显影，分离出焊盘。

(10) 利用 OSP 助焊机在焊盘上镀一层有机助焊层，使电路板达到工业级的可焊效果。

4. 实验内容和步骤

1) 裁板

量好要加工的电路板的详细尺寸，将大块覆铜板放在裁板机工作台面上，切刀对准具体要切位置，用力踩踏裁板机脚踏杠，完成切割。

注意：

(1) 裁板操作时，手要远离切刀，避免被误伤。

(2) 覆铜板要裁切的略大于实际电路板的需要。

2) 打磨

将打磨水砂纸固定在打磨机上，砂纸的打磨面压在覆铜板上，按下开关，即可进行打磨，直至整块覆铜板非常光亮为止。

3) 雕刻及钻孔

(1) 首先正确安装自动钻铣机的软件，用 RS-232 数据线将自动钻铣机与计算机连接起来。

(2) 将打磨好的覆铜板用双面胶固定在自动钻铣机的工作平台上。

(3) 将电路板的图纸通过设计软件导出一个 PCB 2.8 格式的文件(注意必须含外形边框图层)，运行钻铣机的驱动程序。在这个程序中，选择打开导出的文件，在钻铣机软件的操作界面上会形成所要雕刻的电路板的图形，在刀具列表中选择不同刀具，软件界面会形成清晰度不同的图形。当所选用的刀具形成的图形很清晰时，即可将与所选中的刀具相对应尺寸的刀具安装在钻铣机的主轴上。

(4) 调节钻铣机上 X、Y、Z 轴的按钮及旋钮，将主轴调节至工作台面上覆铜板的右下角，并让刀尖正好与覆铜板相接触。

(5) 在钻铣机的软件界面上选择雕刻，自动钻铣机可以自动的对覆铜板进行铣切加工，除去多余的铜，仅留下线路。

(6) 雕刻完成后，在钻铣机的软件界面上选择钻孔，系统会提示所需钻头的尺寸，按要求更换钻头，钻铣机会自动完成钻孔。

(7) 钻孔完成后，更换铣边刀具，并在钻铣机的软件界面上选择切边，钻铣机会自动按照电路板设计要求完成自动切边。

(8) 利用手动丝印机配合丝网模板，在电路板的表面均匀的涂敷一层阻焊层。

(9) 利用烘箱对涂敷好的电路板进行烘干。烘干温度为 80℃，时间为 15 min。烘干后可拿出电路板，在避光处晾晒 3～5 min，不粘手即可使用。

(10) 制作焊盘层菲林：先将菲林纸放入打印机中，用 Protel 打开所要做的电路板，在打印选项中选择打印焊盘(Pad)图层即可。

(11) 将菲林覆于涂有阻焊层的电路板上，注意需要仔细的检查电路板的焊盘与焊盘层菲林是否准确的一一对准。一起放入曝光机中，曝光 40 s。

(12) 将曝完光的电路板放入显影机中进行显影，温度为 35～40℃，时间为 40～60 s，显影完成后，电路板应为仅有焊盘裸露，其他部分被绿油覆盖。如果实验效果不佳，可采用退膜液进行浸泡退除绿油，然后重复刷绿油、烘干、曝光、显影过程。

(13) 将制作好的电路板依次放入 OSP 助焊机的四个槽体内，完成整个工艺。成品电路板应为电路板线路清晰，绿油光泽度良好，仅有焊盘层裸露并且图案清楚，焊盘为均匀的橘黄色或暗红色。

5. 实验报告要求

(1) 整理实验结果，填入相应表格中。

(2) 小结实验心得体会。

3.8.5　工业级双面电路板机械雕刻制板实验

工业级双面电路板机械雕刻制板实验一般用于相对复杂程度要求不高的，但对外观和安全要求较高的单个产品的设计与开发过程中，也用于试验测试和样品试制的过程中单块电路板的制作，较多的用于课题设计或毕业设计中样品的制作，或是参加各类竞赛样品的制作。

1. 实验目的

(1) 熟悉电路板设计软件的使用。

(2) 掌握工业级机械雕刻制作双面电路板的工艺过程。

(3) 熟悉电路板钻铣机、曝光机、显影机、OSP 助焊机的使用方法。

(4) 完成工业级双面板样板的制作。

2. 实验器材

(1) 脚踏裁板机。

(2) 打磨机。

(3) 自动钻铣机 HW-K190。

(4) 手动丝印机。

(5) 铜槽。

(6) 烘箱。

(7) 曝光机。

(8) 显影机。

(9) 双面覆铜板若干，各种规格刀具和钻头若干，以及其他实验器材。

3. 实验过程说明

(1) 采用脚踏裁板机将大块的覆铜板裁切成合适的尺寸。

(2) 将裁切好的覆铜板表面用打磨机进行打磨，去除覆铜板表面的氧化层。

(3) 将覆铜板固定在自动钻铣机的工作平台上，并将自动钻铣机与电脑正确连接。

(4) 正确安装自动钻铣机的驱动软件，选配合适的刀具正确安装在自动钻铣机的主轴上。

(5) 调整初始位置，并开始自动进行钻孔。

(6) 按照系统提示，正确及时更换钻头。

(7) 对钻好孔的电路板进行过孔电镀。

(8) 将线路板放回钻铣机的平台上，完成正面雕刻和背面雕刻以及切边的工艺。

(9) 在雕刻完成的电路板表面上印刷绿色阻焊层。

(10) 将绿油烘干。

(11) 制作焊盘菲林，并通过曝光机对焊盘进行曝光。

(12) 通过显影机对电路板进行显影，分离出焊盘。

(13) 利用 OSP 助焊机在焊盘上镀一层有机助焊层，使电路板达到工业级的可焊效果。

4. 实验内容和步骤

(1) 首先正确安装自动钻铣机的软件，用 RS-232 数据线将自动钻铣机与计算机连接起来。

(2) 将打磨好的覆铜板用双面胶固定在自动钻铣机的工作平台上。

(3) 将电路板的图纸通过设计软件导出一个 PCB 2.8 格式的文件(注意必须含外形边框图层),运行钻铣机的驱动程序。在这个程序中,选择打开导出的文件,在钻铣机软件的操作界面上会形成所要雕刻的电路板的图形,在刀具列表中选择不同刀具,软件界面会形成清晰度不同的图形。当所选用的刀具形成的图形很清晰时,即可将与所选中的刀具相对应尺寸的刀具安装在钻铣机的主轴上。

(4) 调节钻铣机上 X、Y、Z 轴的按钮及旋钮,将主轴调节至工作台面上覆铜板的右下角,并让刀尖正好与覆铜板相接触。

(5) 在钻铣机的软件界面上选择钻孔工艺,自动钻铣机可以自动先打定位孔。

(6) 然后,在钻铣机的软件界面上选择钻孔,系统会提示所需钻头的尺寸,按要求更换钻头,钻铣机会自动完成钻孔。

(7) 钻孔完成后,可以将钻完孔的电路板从自动钻铣机上取下来,在所有孔内涂敷导电胶,然后,将电路板放入电镀槽内进行过孔电镀(电流为 1.2 A/100 cm^2,时间为 15~20 min)。

(8) 将电镀完成的覆铜板放回钻铣机的工作平台,并按照定位孔定好位,然后,对覆铜板进行铣切加工,除去多余的铜,仅留下线路。正面完成后,将电路板翻面,利用定位孔将线路板重新定位,再加工背面,完成后简单的双面电路板即完成制作。

(9) 利用手动丝印机配合丝网模板,在电路板正面的表面均匀的涂敷一层阻焊层。

(10) 利用烘箱对涂敷好的电路板进行烘干。烘干温度为 80℃,时间为 15 min。烘干后可拿出电路板,在避光处晾晒 3~5 min,不粘手即可使用。

(11) 制作焊盘层菲林:先将菲林纸放入打印机中,用 Protel 打开所要做的电路板,在打印选项中选择打印焊盘(Pad)图层即可。

(12) 将菲林覆于涂有阻焊层的电路板上,注意需要仔细的检查电路板的焊盘与焊盘层菲林是否准确的一一对准。一起放入曝光机中,曝光 40 s。

(13) 将曝完光的电路板放入显影机中进行显影,温度为 35~40℃,时间为 40~60 s,显影完成后,电路板应为仅有焊盘裸露,其他部分被绿油覆盖。如果实验效果不佳,可采用退膜液进行浸泡退除绿油,然后重复刷绿油、烘干、曝光、显影过程。

(14) 将电路板的背面重复刷绿油、烘干、曝光、显影过程即可。

(15) 将制作好的电路板依次放入 OSP 助焊机的四个槽体内,完成整个工艺。成品电路板应为电路板线路清晰,绿油光泽度良好,仅有焊盘层裸露并且图案清楚,焊盘为均匀的橘黄色或暗红色。

5. 实验报告要求

(1) 整理实验结果,填入相应表格中。

(2) 小结实验心得体会。

3.8.6　简易单面电路板化学制板实验

简易单面电路板化学制板实验一般用于相对复杂的,且对外观和安全要求较高的产品的制作,也用于试验测试和样品试制的过程中小批量电路板的制作,较多的用于配合电工电子、数字电子技术等课程的实验教学,或是参加各类竞赛样品的制作以及学校电子专业实习实训的要求。

1．实验目的

(1) 熟悉电路板设计软件的使用。

(2) 掌握简易化学制板法制作单面电路板的工艺过程。

(3) 熟悉电路板钻铣机、曝光机、显影机、电镀铅锡机的使用方法。

(4) 完成简易单面板样板的制作。

2．实验器材

(1) 脚踏裁板机。

(2) 打磨机。

(3) 自动钻铣机 HW-K190。

(4) 手动丝印机。

(5) 电镀铅锡机。

(6) 烘箱。

(7) 曝光机。

(8) 显影机。

(9) 单面覆铜板若干，各种规格刀具和钻头若干。

(10) 蚀刻机。

3．实验过程说明

(1) 用脚踏裁板机将大块的覆铜板裁切成合适的尺寸。

(2) 将裁切好的覆铜板表面用打磨机进行打磨，去除覆铜板表面的氧化层。

(3) 将覆铜板固定在自动钻铣机的工作平台上，并将自动钻铣机与电脑正确连接。

(4) 正确安装自动钻铣机的驱动软件，选配合适的刀具正确安装在自动钻铣机的主轴上。

(5) 调整初始位置，并开始自动进行钻孔。

(6) 按照系统提示，正确及时更换钻头。

(7) 在过孔完成的电路板上，利用丝印机在电路板表面涂敷一层感光材料。

(8) 制作线路菲林，并通过曝光机在电路板上对线路进行曝光。

(9) 通过显影机对曝光完成的电路板进行显影，分离出线路图形。

(10) 在现已完成的电路板上进行铅锡图形电镀。

(11) 将感光膜退去，留下被铅锡覆盖的线路。

(12) 对退膜完成的线路板进行蚀刻，形成电路板。

4．实验内容和步骤

(1) 首先正确安装自动钻铣机的软件，用 RS-232 数据线将自动钻铣机与计算机连接起来。

(2) 将打磨好的覆铜板用双面胶固定在自动钻铣机的工作平台上。

(3) 将电路板的图纸通过设计软件导出一个 PCB 2.8 格式的文件(注意必须含外形边框图层)，运行钻铣机的驱动程序。在这个程序中，选择打开导出的文件，在钻铣机软件的操作界面上会形成所要雕刻的电路板的图形，在刀具列表中选择不同刀具，软件界面会形成清晰度不同的图形。当所选用的刀具形成的图形很清晰时，即可将与所选中的刀具相对应尺寸的刀具安装在钻铣机的主轴上。

(4) 调节钻铣机上 X、Y、Z 轴的按钮及旋钮，将主轴调节至工作台面上覆铜板的右下角，并让刀尖正好与覆铜板相接触。

(5) 在钻铣机的软件界面上选择钻孔工艺，自动钻铣机可以自动先打定位孔。

(6) 然后，在钻铣机的软件界面上选择钻孔，系统会提示所需钻头的尺寸，按要求更换钻头，钻铣机会自动完成钻孔。

(7) 将钻孔完成的电路板放到丝印机的工作平台上，利用手动丝印机配合丝网模板，在电路板的表面均匀的涂敷一层感光材料(操作过程注意避光)。

(8) 利用烘箱对涂敷好的电路板进行烘干。烘干温度为 80℃，时间为 15 min。烘干后可拿出电路板，在避光处晾晒 3～5 min，不粘手即可使用。

(9) 制作线路图形层菲林：先将菲林纸放入打印机中，用 Protel 打开所要做的电路板，在打印选项中选择打印顶层或者底层即可。

(10) 将菲林覆于涂有湿膜的电路板上，注意需要仔细的检查电路板的孔与线路菲林是否准确的一一对准。一起放入曝光机中，曝光 30 s 左右。

(11) 将曝完光的电路板放入显影机中进行显影，温度为 35～40℃，时间为 40～60 s，显影完成后，电路板应为仅有线路图形裸露，其他部分被湿膜覆盖。如果实验效果不佳，可采用退膜液进行浸泡退去湿膜，然后重复刷湿膜、烘干、曝光、显影过程。

(12) 将显影完成的电路板放入电镀铅锡机内，进行电镀铅锡处理(电流为 1.2 A/100 cm²，时间为 15～20 min)。

(13) 将镀完铅锡的电路板放入自动蚀刻机中，进行线路蚀刻(蚀刻液温度为 40℃左右，蚀刻时间为 50 s 左右)。

(14) 蚀刻完成后，简易单面电路板制作完成。

5. 实验报告要求

(1) 整理实验结果，填入相应表格中。

(2) 小结实验心得体会。

3.8.7 简易双面电路板化学制板实验

简易双面电路板化学制板实验一般用于相对复杂的，且对外观和安全要求较高的产品的制作，也用于试验测试和样品试制的过程中小批量电路板的制作，较多的用于配合电工电子、数字电子技术等课程的实验教学，或是参加各类竞赛样品的制作以及学校电子专业实习实训的要求。

1. 实验目的

(1) 熟悉电路板设计软件的使用。

(2) 掌握简易化学制板法制作双面电路板的工艺过程。

(3) 熟悉电路板钻铣机、曝光机、显影机、电镀铅锡机、化学沉铜机、镀铜槽的使用方法。

(4) 完成简易双面板样板的制作。

2. 实验器材

(1) 裁板机。

(2) 打磨机。

(3) 自动钻铣机 HW-K190。

(4) 化学沉铜机。

(5) 镀铜槽。

(6) 手动丝印机。

(7) 电镀铅锡机。

(8) 烘箱。

(9) 曝光机。

(10) 显影机。

(11) 双面覆铜板若干，各种规格刀具和钻头若干，以及其他实验器材。

3. 实验过程说明

(1) 用脚踏裁板机将大块的覆铜板裁切成合适的尺寸。

(2) 将裁切好的覆铜板表面用打磨机进行打磨，去除覆铜板表面的氧化层。

(3) 将覆铜板固定在自动钻铣机的工作平台上，并将自动钻铣机与电脑正确连接。

(4) 正确安装自动钻铣机的驱动软件，选配合适的刀具正确安装在自动钻铣机的主轴上。

(5) 调整初始位置，并开始自动进行钻孔。

(6) 按照系统提示，正确及时更换钻头。

(7) 对钻好孔的电路板进行过孔沉铜处理。

(8) 沉铜完成后，对电路板进行过孔电镀处理。

(9) 在镀铜完成的电路板上，利用丝印机在电路板表面涂敷一层感光材料。

(10) 制作线路菲林，并通过曝光机对电路板上线路进行曝光。

(11) 通过显影机对曝光完成的电路板进行显影，分离出线路图形。

(12) 再在电路板背面重复刷湿膜、烘干、曝光、显影处理。

(13) 在现已完成的电路板上进行铅锡图形电镀。

(14) 将感光膜退去，留下被铅锡覆盖的线路。

(15) 对退膜完成的线路板进行蚀刻，形成电路板。

4. 实验内容和步骤

(1) 首先正确安装自动钻铣机的软件，用 RS-232 数据线将自动钻铣机与计算机连接起来。

(2) 将打磨好的覆铜板用双面胶固定在自动钻铣机的工作平台上。

(3) 将电路板的图纸通过设计软件导出一个 PCB 2.8 格式的文件(注意必须含外形边框图层)，运行钻铣机的驱动程序。在这个程序中，选择打开导出的文件，在钻铣机软件的操作界面上会形成所要雕刻的电路板的图形，在刀具列表中选择不同刀具，软件界面会形成清晰度不同的图形。当所选用的刀具形成的图形很清晰时，即可将与所选中的刀具相对应尺寸的刀具安装在钻铣机的主轴上。

(4) 调节钻铣机上 X、Y、Z 轴的按钮及旋钮，将主轴调节至工作台面上覆铜板的右下角，并让刀尖正好与覆铜板相接触。

(5) 在钻铣机的软件界面上选择钻孔工艺，自动钻铣机可以自动先打定位孔。

(6) 然后，在钻铣机的软件界面上选择钻孔，系统会提示所需钻头的尺寸，按要求更换钻头，钻铣机会自动完成钻孔。

(7) 将钻好孔的电路板依次放入化学沉铜机的六个槽内，完成后，电路板的孔壁内会有一层黄褐色铜。由于该铜层质地比较疏松，因此，再将沉铜完成的电路板放入镀铜槽内进行过孔电镀处理(电流为 1.2 A/100 cm^2，时间为 15~20 min)，完成后可以看见电路板的过孔内有一层很光亮的铜层。

(8) 将镀铜完成的电路板放到丝印机的工作平台上，利用手动丝印机配合丝网模板，在电路板正面的表面均匀的涂敷一层感光材料(操作过程注意避光)。

(9) 利用烘箱对涂敷好的电路板进行烘干。烘干温度为 80℃，时间为 15 min。烘干后可拿出电路板，在避光处晾晒 3~5 min，不粘手即可使用。

(10) 制作线路图形层菲林：先将菲林纸放入打印机中，用 Protel 打开所要做的电路板，在打印选项中选择打印顶层或者底层即可。

(11) 将菲林覆于涂有湿膜的电路板上，注意需要仔细的检查电路板的孔与线路菲林是否准确的一一对准。一起放入曝光机中，曝光 30 s 左右。

(12) 将曝完光的电路板放入显影机中进行显影，温度为 35~40℃，时间为 40~60 s，显影完成后，电路板应为仅有线路图形裸露，其他部分被湿膜覆盖。如果实验效果不佳，可采用退膜液进行浸泡退去湿膜，然后重复刷湿膜、烘干、曝光、显影过程。

(13) 再在电路板背面重复刷湿膜、烘干、曝光、显影处理。

(14) 将显影完成的电路板放入电镀铅锡机内，进行电镀铅锡处理(电流为 1.2 A/100 cm^2，时间为 15~20 min)。

(15) 将镀完铅锡的电路板放入自动蚀刻机中，进行线路蚀刻(蚀刻液温度为 40℃左右，蚀刻时间为 50 s 左右)。

(16) 蚀刻完成后，简易双面电路板制作完成。

5. 实验报告要求

(1) 整理实验结果，填入相应表格中。

(2) 小结实验心得体会。

3.8.8 工业级单面电路板化学制板实验

工业级单面电路板化学制板实验一般用于相对复杂的，同时对外观和安全要求较高的产品的制作，也用于试验测试和样品试制的过程中小批量电路板的制作，较多的用于配合电工电子、数字电子技术等课程的实验教学，或是参加各类竞赛样品的制作以及学校电子专业实习实训的要求。

1. 实验目的

(1) 熟悉电路板设计软件的使用。

(2) 掌握工业级化学制板法制作单面电路板的工艺过程。

(3) 熟悉电路板钻铣机、曝光机、显影机、电镀铅锡机使用方法。

(4) 完成工业级单面板样板的制作。

2. 实验器材

(1) 脚踏裁板机。

(2) 打磨机。

(3) 自动钻铣机 HW-K190。

(4) 手动丝印机。

(5) 电镀铅锡机。

(6) 烘箱。

(7) 曝光机。

(8) 显影机。

(9) 单面覆铜板若干，各种规格刀具和钻头若干，以及其他实验器材。

3. 实验过程说明

(1) 用脚踏裁板机将大块的覆铜板裁切成合适的尺寸。

(2) 将裁切好的覆铜板表面用打磨机进行打磨，去除覆铜板表面的氧化层。

(3) 将覆铜板固定在自动钻铣机的工作平台上，并将自动钻铣机与电脑正确连接。

(4) 正确安装自动钻铣机的驱动软件，选配合适的刀具正确安装在自动钻铣机的主轴上。

(5) 调整初始位置，并开始自动进行钻孔。

(6) 按照系统提示，正确及时更换钻头。

(7) 在过孔完成的电路板上，利用丝印机在电路板表面涂敷一层感光材料。

(8) 制作线路菲林，并通过曝光机在电路板上对线路进行曝光。

(9) 通过显影机对曝光完成的电路板进行显影，分离出线路图形。

(10) 在现已完成的电路板上进行铅锡图形电镀。

(11) 将感光膜退去，留下被铅锡覆盖的线路。

(12) 对退膜完成的线路板进行蚀刻，形成电路板。

(13) 在蚀刻完成的电路板表面上印刷绿色阻焊层。

(14) 将绿油烘干。

(15) 制作焊盘菲林，并通过曝光机对焊盘进行曝光。

(16) 通过显影机对电路板进行显影，分离出焊盘。

(17) 利用 OSP 助焊机在焊盘上镀一层有机助焊层，使电路板达到工业级的可焊效果。

4. 实验内容和步骤

(1) 首先正确安装自动钻铣机的软件，用 RS-232 数据线将自动钻铣机与计算机连接起来。将打磨好的覆铜板用双面胶固定在自动钻铣机的工作平台上。

(2) 将电路板的图纸通过设计软件导出一个 PCB 2.8 格式的文件(注意必须含外形边框图层)，运行钻铣机的驱动程序。在这个程序中，选择打开导出的文件，在钻铣机软件的操作界面上会形成所要雕刻的电路板的图形，在刀具列表中选择不同刀具，软件界面会形成清晰度不同的图形。当所选用的刀具形成的图形很清晰时，即可将与所选中的刀具相对应尺寸的刀具安装在钻铣机的主轴上。

(3) 调节钻铣机上 X、Y、Z 轴的按钮及旋钮，将主轴调节至工作台面上覆铜板的右下角，并让刀尖正好与覆铜板相接触。

(4) 在钻铣机的软件界面上选择钻孔工艺，自动钻铣机可以自动先打定位孔。

(5) 然后，在钻铣机的软件界面上选择钻孔，系统会提示所需钻头的尺寸，按要求更换钻头，钻铣机会自动完成钻孔。

(6) 将钻孔完成的电路板放到丝印机的工作平台上，利用手动丝印机配合丝网模板，在电路板的表面均匀的涂敷一层感光材料(操作过程注意避光)。

(7) 利用烘箱对涂敷好的电路板进行烘干。烘干温度为 80℃，时间为 15 min。烘干后可拿出电路板，在避光处晾晒 3～5 min，不粘手即可使用。

(8) 制作线路图形层菲林：先将菲林纸放入打印机中，用 Protel 打开所要做的电路板，在打印选项中选择打印顶层或者底层即可。

(9) 将菲林覆于涂有湿膜的电路板上，注意需要仔细的检查电路板的孔与线路菲林是否准确的一一对准。一起放入曝光机中，曝光 30 s 左右。

(10) 将曝完光的电路板放入显影机中进行显影，温度为 35～40℃，时间为 40～60 s，显影完成后，电路板应为仅有线路图形裸露，其他部分被湿膜覆盖。如果实验效果不佳，可采用退膜液进行浸泡退去湿膜，然后重复刷湿膜、烘干、曝光、显影过程。

(11) 将显影完成的电路板放入电镀铅锡机内，进行电镀铅锡处理(电流为 1.2 A/100 cm^2，时间为 15～20 min)。

(12) 将镀完铅锡的电路板放入自动蚀刻机中，进行线路蚀刻(蚀刻液温度为 40℃左右，蚀刻时间为 50 s 左右)。

(13) 蚀刻完成后，利用手动丝印机配合丝网模板，在电路板的表面均匀的涂敷一层阻焊层。

(14) 利用烘箱对涂敷好的电路板进行烘干。烘干温度为 80℃，时间为 15 min 分钟。烘干后可拿出电路板，在避光处晾晒 3～5 min，不粘手即可使用。

(15) 制作焊盘层菲林：先将菲林纸放入打印机中，用 Protel 打开所要做的电路板，在打印选项中选择打印焊盘(Pad)图层即可。

(16) 将菲林覆于涂有阻焊层的电路板上，注意需要仔细的检查电路板的焊盘与焊盘层菲林是否准确的一一对准。一起放入曝光机中，曝光 40 s。

(17) 将曝完光的电路板放入显影机中进行显影，温度为 35～40℃，时间为 40～60 s。显影完成后，电路板应为仅有焊盘裸露，其他部分被绿油覆盖。如果实验效果不佳，可采用退膜液进行浸泡退去绿油，然后重复刷绿油、烘干、曝光、显影过程。

(18) 将制作好的电路板依次放入 OSP 助焊机的四个槽体内，完成整个工艺。成品电路板应为电路板线路清晰，绿油光泽度良好，仅有焊盘层裸露并且图案清楚，焊盘为均匀的橘黄色或暗红色。

5. 实验报告要求

(1) 整理实验结果，填入相应表格中。

(2) 小结实验心得体会。

3.8.9　工业级双面电路板化学制板实验

工业级双面电路板化学制板实验一般用于相对复杂的，同时对外观和安全要求较高的产品的制作，也用于试验测试和样品试制的过程中小批量电路板的制作，较多的用于配合电工电子、数字电子技术等课程的实验教学，或是参加各类竞赛样品的制作以及学校电子专业实习实训的要求。

1. 实验目的

(1) 熟悉电路板设计软件的使用。

(2) 掌握工业级双面电路板制作的工艺过程。

(3) 熟悉电路板钻铣机、曝光机、显影机、电镀铅锡机、OSP 助焊机的使用方法。

(4) 完成工业级双面板样板的制作。

2. 实验器材

(1) 脚踏裁板机。

(2) 打磨机。

(3) 自动钻铣机 HW-K190。

(4) 手动丝印机。

(5) 电镀铅锡机。

(6) 烘箱。

(7) 曝光机。

(8) 显影机。

(9) 双面覆铜板若干，各种规格刀具和钻头若干，以及其他实验器材。

3. 实验过程说明

(1) 用裁板机将大块的单面覆铜板裁切成合适的尺寸。

(2) 将裁切好的覆铜板表面用打磨机进行打磨，去除覆铜板表面的氧化层。

(3) 将覆铜板固定在自动线路板钻铣机的工作平台上，并将自动钻铣机与电脑正确连接。

(4) 正确安装自动钻铣机的驱动软件，选配合适的刀具正确安装在自动钻铣机主轴上。

(5) 调整初始位置，并开始进行自动钻孔。

(6) 按照系统提示，正确及时更换钻头。

(7) 在过孔完成的电路板上利用丝印机在电路板表面涂敷一层感光材料。制作线路菲林，并通过曝光机在电路板上对线路进行曝光。

(8) 通过显影机对曝光完成的电路板进行显影，分离出线路图形。

(9) 再在电路板背面重复刷湿膜、烘干、曝光、显影处理。

(10) 在现已完成的电路板上进行铅锡图形电镀。

(11) 将感光膜退去，留下被铅锡覆盖的线路。

(12) 对退膜完成的线路板进行蚀刻，形成电路板。

(13) 将蚀刻完成的电路板表面上印刷绿色阻焊层。

(14) 将绿油烘干。

(15) 制作焊盘菲林，并通过曝光机对焊盘进行曝光。

(16) 通过显影机对电路板进行显影，分离出焊盘。

(17) 再在电路板背面重复刷湿膜、烘干、曝光、显影处理。

(18) 利用 OSP 助焊机在焊盘上镀一层有机助焊层，使电路板达到工业级的可焊效果。

4. 实验内容和步骤

(1) 首先正确安装自动钻铣机的软件,用 RS-232 数据线将自动钻铣机与计算机连接起来。

(2) 将打磨好的覆铜板用双面胶固定在自动钻铣机的工作平台上。

(3) 将电路板的图纸通过设计软件导出一个 PCB 2.8 格式的文件(注意必须含外形边框图层),运行钻铣机的驱动程序。在这个程序中,选择打开导出的文件,在钻铣机软件的操作界面上会形成所要雕刻的电路板的图形,在刀具列表中选择不同刀具,软件界面会形成清晰度不同的图形。当所选用的刀具形成的图形很清晰时,即可将与所选中的刀具相对应尺寸的刀具安装在钻铣机的主轴上。

(4) 调节钻铣机上 X、Y、Z 轴的按钮及旋钮,将主轴调节至工作台面上覆铜板的右下角,并让刀尖正好与覆铜板相接触。

(5) 在钻铣机的软件界面上选择钻孔工艺,自动钻铣机可以自动先打定位孔。

(6) 然后,在钻铣机的软件界面上选择钻孔,系统会提示所需钻头的尺寸,按要求更换钻头,钻铣机会自动完成钻孔。

(7) 将钻孔完成的电路板放到丝印机的工作平台上,利用手动丝印机配合丝网模板,在电路板正面的表面均匀的涂敷一层感光材料(操作过程注意避光)。

(8) 利用烘箱对涂敷好的电路板进行烘干。烘干温度为 80℃,时间为 15 min。烘干后可拿出电路板,在避光处晾晒 3~5 min,不粘手即可使用。

(9) 制作线路图形层菲林:先将菲林纸放入打印机中,用 Protel 打开所要做的电路板,在打印选项中选择打印顶层或者底层即可。

(10) 将菲林覆于涂有湿膜的电路板上,注意需要仔细的检查电路板的孔与线路菲林是否准确的一一对准。一起放入曝光机中,曝光 30 s 左右。

(11) 将曝完光的电路板放入显影机中进行显影,温度为 35~40℃,时间为 40~60 s,显影完成后,电路板应为仅有线路图形裸露,其他部分被湿膜覆盖。如果实验效果不佳,可采用退膜液进行浸泡退去湿膜,然后重复刷湿膜、烘干、曝光、显影过程。

(12) 再在线路板背面重复刷湿膜、烘干、曝光、显影过程。

(13) 将显影完成的电路板放入电镀铅锡机内,进行电镀铅锡处理(电流为 1.2 A/100 cm²,时间为 15~20 min)。

(14) 将镀完铅锡的电路板放入自动蚀刻机中,进行线路蚀刻(蚀刻液温度为 40℃左右,蚀刻时间为 50 s 左右)。

(15) 蚀刻完成后,利用手动丝印机配合丝网模板,在电路板的表面均匀的涂敷一层阻焊层。

(16) 利用烘箱对涂敷好的电路板进行烘干。烘干温度为 80℃,时间为 15 min。烘干后可拿出电路板,在避光处晾晒 3~5 min,不粘手即可使用。

(17) 制作焊盘层菲林:先将菲林纸放入打印机中,用 Protel 打开所要做的电路板,在打印选项中选择打印焊盘(Pad)图层即可。

(18) 将菲林覆于涂有阻焊层的电路板上,注意需要仔细的检查电路板的焊盘与焊盘层菲林是否准确的一一对准。一起放入曝光机中,曝光 40 s。

(19) 将曝完光的电路板放入显影机中进行显影,温度为 35~40℃,时间为 40~60 s,显影完成后,电路板应为仅有焊盘裸露,其他部分被绿油覆盖。如果实验效果不佳,可采用退膜液进行浸泡退去绿油，然后重复刷绿油、烘干、曝光、显影过程。

(20) 再在线路板背面重复刷绿油、烘干、曝光、显影过程。

(21) 将制作好的电路板依次放入 OSP 助焊机的四个槽体内，完成整个工艺。成品电路板应为电路板线路清晰，绿油光泽度良好，仅有焊盘层裸露并且图案清楚，焊盘为均匀的橘黄色或暗红色。

5. 实验报告要求

(1) 整理实验结果，填入相应表格中。

(2) 小结实验心得体会。

第4章 电子设备装接技术

4.1 电子元件的识别与测试

4.1.1 电阻器、电容器、电感器识别与测试训练

◆ **实训目的**

(1) 掌握电阻器、电容器和电感器的识别技能。

(2) 能熟练进行电阻器、电容器和电感器的测试。

◆ **实训知识点**

1. 电阻器

1) 电阻器的分类

(1) 按结构形式电阻器可分为一般电阻器、片形电阻器和可变电阻器(电位器)。

(2) 按材料电阻器可分为合金型、薄膜型和合成型。

另外，还有敏感电阻，也称为半导体电阻，有热敏、压敏、光敏、温敏等不同类型电阻，广泛应用于检测技术和自动控制等领域。各种电阻器外形如图 4.1.1 所示。

图 4.1.1　各种电阻器外形图

2) 电阻器的主要技术指标

(1) 额定功率：电阻器在电路中长时间连续工作不损坏或不显著改变其性能所允许消耗的最大功率。

(2) 标称电阻值和偏差：电阻器的标称电阻值和偏差都标注在电阻体上，其标注方法

有直标法、文字符号法和色标法。标称电阻值和偏差的标注方法及特点如表 4.1.1 所示。

表 4.1.1 标称电阻值和偏差的标注方法及特点

标注方法	特　　点
直标法	用阿拉伯数字和单位符号在电阻器表面直接标出标称电阻值,其允许偏差用百分数表示
文字符号法	用阿拉伯数字和文字符号两者有规律的组合来表示标称电阻值和允许偏差
色标法	小功率电阻多使用色标法,特别是 0.5 W 以下的碳膜和金属膜电阻

色标法是将电阻的类别及主要技术参数的数值用颜色(色环或色点)标注在电阻的外表面上。色标电阻(色环电阻)可分为三环、四环、五环三种。三环色标电阻:标示标称电阻值(偏差均为±20%);四环色标电阻:标示标称电阻值及偏差;五环色标电阻:标示标称电阻值(三位有效数字)及偏差。电阻色环含义如图 4.1.2 所示。

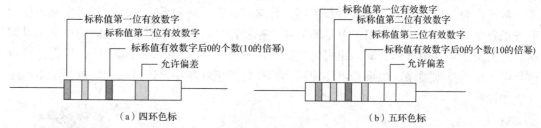

图 4.1.2 电阻色环含义

不同颜色的色环,代表不同数字。电阻器主要参数的色标规定如表 4.1.2 所示。

表 4.1.2 色 标 法

色 别	第一环	第二环	第三环	第四环	第五环
	第一位数	第二位数	第三位数	应乘倍率	偏差
银	—	—	—	10^{-2}	±10%
金	—	—	—	10^{-1}	±5%
黑	0	0	0	10^{0}	±10%
棕	1	1	1	10^{1}	±1%
红	2	2	2	10^{2}	±2%
橙	3	3	3	10^{3}	—
黄	4	4	4	10^{4}	
绿	5	5	5	10^{5}	±0.5%
蓝	6	6	6	10^{6}	±0.25%
紫	7	7	7	10^{7}	±0.1%
灰	8	8	8	10^{8}	—
白	9	9	9	10^{9}	+5%, −20%

快速识别色环电阻的要点是熟记色环所代表的数字含义,为方便记忆,色环代表的数

值顺口溜为：1 棕 2 红 3 为橙，4 黄 5 绿在其中，6 蓝 7 紫随后到，8 灰 9 白黑为 0，尾环金银为误差，数字应为 510。

色环电阻无论是采用三色环，还是四色环、五色环，关键色环是第三环(三环电阻、四环电阻)或第四环(五环电阻)，因为该色环的颜色代表电阻值有效数字的倍率。想快速识别色环电阻，关键在于根据第三环(三环电阻、四环电阻)、第四环(五环电阻)的颜色把阻值确定在某一数量级范围内，再将前两环或前三环读出的数"代"进去，这样可很快读出电阻值。三色环电阻的色环表示标称电阻值(允许偏差均为 ±20%)，例如，色环为棕黑红，表示 $10 \times 10^2\ \Omega = 1.0\ \text{k}\Omega \pm 20\%$ 的电阻。四色环电阻的色环表示标称电阻值(两位有效数字)及偏差，例如，色环为棕绿橙金，表示 $15 \times 10^3\ \Omega = 15\ \text{k}\Omega \pm 5\%$ 的电阻。五色环电阻的色环表示标称电阻值(三位有效数字)及偏差，例如，色环为红紫绿黄棕，表示 $275 \times 10^4\ \Omega = 2.75\ \text{M}\Omega \pm 1\%$ 的电阻。一般四色环和五色环电阻表示允许偏差的色环的特点是该色环距离其他环的距离较远，较标准的表示应是允许偏差色环的宽度是其他色环的 1.5～2 倍。在五环电阻中棕色环常常既作为偏差环又常作为有效数字环，且常常在第一环和最后一环中同时出现，使人很难识别哪一个是第一环，哪一个是偏差环。在实践中，可以按照色环之间的距离加以判别，通常第四环和第五环之间的距离要比第一环和第二环之间的距离宽一些，根据此特点可判定色环的排列顺序。如果靠色环间距仍无法判定色环顺序，还可以利用电阻的生产序列值加以判别。

3) 电位器

电位器是一种可调电阻器，对外有三个引出端，其中两个为固定端，一个为滑动端(也称中心抽头)。滑动端在两个固定端之间的电阻体上做机械运动，使其与固定端之间的电阻发生变化。电位器外形如图 4.1.3 所示。

图 4.1.3 电位器

4) 电阻器、电位器的测量与质量判别

实训基本操作步骤描述：测量电阻器→测量热敏电阻器→测量电位器→整理现场。

(1) 电阻器的测量和质量判别通常用万用表电阻挡测量和判别。测量时手指不要触碰被测固定电阻器的两根引出线，避免人体电阻影响测量精度，测量方法如图 4.1.4 所示。热敏电阻器检测时，在常温下用万用表 $R \times 1$ 挡来测量，正常测量值应与其标称阻值相同或接近(误差在 $\pm 2\ \Omega$)。用已加热的电烙铁靠近热敏电阻器，并测量其电阻值，正常电阻值应随温度上升而增大。

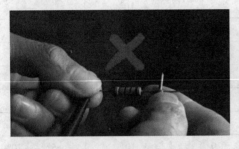

图 4.1.4 电阻器的测量

电阻器的电阻体或引线折断以及烧焦等，可以从外观上看出，内部损坏或阻值变化较大，可用万用表欧姆挡测量核对。当电阻器内部或引线有缺陷，以致接触不良时，用手轻轻地摇动引线，可以发现松动现象，用万用表测量时，指针指示不稳定。

(2) 从外观上识别电位器，如图 4.1.5 所示。首先要检查引出端是否松动；转动旋柄时应感觉平滑，不应有过紧或过松现象；检查开关是否灵活，开关通断时"咯哒"声是否清脆。此外，听一听电位器内部接触点和电阻体摩擦的声音，如有"沙沙"声，说明质量不好。

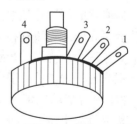

1—焊片 1；2—焊片 2；
3—焊片 3；4—接地焊片；

图 4.1.5 电位器的外观

(3) 测量电位器阻值时，用万用表合适的电阻挡测量电位器两定片之间的阻值，其读数应为电位器的标称阻值。如果测量时万用表指针不动或阻值相差很多，则表明该电位器已损坏。

(4) 检查电位器的动片与电阻体的接触是否良好。用万用表表笔接电位器的动片和任一定片，如图 4.1.6 所示，并反复、缓慢地旋转电位器的旋钮，观察万用表的指针是否连续、均匀地变化，其阻值应在零到标称阻值之间连续变化。如果万用表指针平稳移动而无跌落、跳跃或抖动等现象，则说明电位器正常；如果变化不连续(指跳动)或变化过程中电阻值不稳定，则说明电位器接触不良。

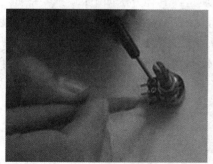

图 4.1.6 电位器的测量

(5) 检查电位器各引脚与外壳及旋转轴之间的绝缘电阻值，观察是否为正常值∞，否则说明有漏电现象。

2. 电容器

电容器的外形如图 4.1.7 所示。

图 4.1.7 常见电容器的外形图

1) 电容器的主要参数

(1) 电容器的标称容量和偏差：不同材料制造的电容器，其标称容量系列不一样，一般，电容器的标称容量系列与电阻器采用的系列相同，即 E24、E12、E6 系列。电容器的标称容量和偏差一般标在电容体上，其标注方法常采用直标法、数码表示法和色码表示法。色码表示法与电阻器的色环表示法类似，颜色涂于电容器的一端或从顶端向引线排列，色码一般只有三种颜色，前两环为有效数字，第三环为倍率，单位为 pF。

(2) 电容器的额定直流工作电压：在线路中能够长期可靠地工作而不被击穿时所能承受的最大直流电压(又称耐压)，它的大小与介质的种类和厚度有关。

2) 电容器的测试

实训的基本操作步骤描述：测量固定电容器→判别电容器的容量→测量电解电容器→电解电容器的极性判别→整理现场。通常用万用表的欧姆挡来判别电容器的性能、容量、极性及好坏等，要合理选用万用表的量程，5000 pF 以下的电容应选用电容表测量。

(1) 检测容量为 6800 pF～1 μF 的固定电容器时，用万用表的 $R \times 10$ k 挡，红、黑表笔分别接固定电容器的两根引脚，如图 4.1.8 所示。在表笔接通的瞬间应能看到表针有很小的摆动，若未看清表针的摆动，则可将红、黑表笔互换一次再测，此时，表针的摆动幅度应略大一些，根据表针摆动情况可判断固定电容器质量，具体方法如下：

① 接通瞬间，若表针摆动，然后返回至"∞"，则表明电容良好，且摆幅越大容量越大。

② 接通瞬间，若表针不摆动，则表明电容失效或断路。

③ 接通瞬间，若表针摆幅很大，且停在那里不动，则表明电容已击穿(短路)或严重漏电。

④ 接通瞬间，若表针摆动正常，不能返回至"∞"，则表明电容有漏电现象。

图 4.1.8 固定电容器的检测

(2) 检测容量小于 6800 pF 的固定电容器时，由于容量太小，用万用表电阻挡检测时无法看到表针摆动，此时只能检测电容器是否漏电和击穿，不能检测是否存在开路或失效故障。检测容量小于 6800 pF 的固定电容器时，可借助一个外加直流电压，把万用表调到相应直流电压挡，黑表笔接直流电源负极，红表笔串接被测固定电容器后接电源正极，根据指针摆动情况判别固定电容器质量。

(3) 选择欧姆挡来识别或估测(已失去标志)电解电容器的容量，低于 10 μF 选用 $R \times 10$ k 挡，10～100 μF 选用 $R \times 1$ k 挡，大于 100 μF 选用 $R \times 100$ 挡。估测前要先把电解电容器的两引脚短路，以便放掉电解电容器内残余电荷。

(4) 将万用表的黑表笔接电解电容器的正极，红表笔接负极，如图 4.1.9 所示，检测其正向电阻，表针应先向右做大幅度摆动，再慢慢回到 ∞ 的位置。

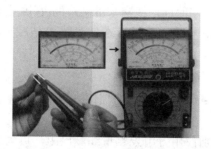

图 4.1.9　电解电容器的检测

(5) 再次将电解电容器两引脚短路后，将黑表笔接电解电容器的负极，红表笔接正极，检测反向电阻，表针应先向右摆动，再慢慢返回，但一般不能回到无穷大的位置。检测过程中如与上述情况不符，则说明电解电容器已损坏。

(6) 上述检测方法还可以用来鉴别电解电容器的正负极。对失掉正负极标志的电解电容器，可先用万用表两表笔进行一次检测，同时观察并记住表针向右摆动的幅度，然后两表笔对调再进行检测。哪一次检测中，表针最后停留的摆幅较小，该次万用表黑表笔接触的引脚为正极，另一脚为负极。

3. 电感器

1) 电感器的分类

电感器的种类很多，分类标准也不一样。通常按电感量变化情况分为固定电感器、可变电感器、微调电感器等；按电感器线圈内介质不同分为空心电感器、铁芯电感器、磁芯电感器、铜芯电感器等；按绕制特点分为单层电感器、多层电感器、蜂房电感器等。常见的部分电感器外形如图 4.1.10 所示。

图 4.1.10　常见电感器的外形图

2) 标注方法

电感器的标注方法与电阻器、电容器的标注方法相同，有直标法、文字符号法和色标法。

3) 电感器的参数

(1) 电感量 L：也称自感系数或自感，是表示线圈产生自感能力的一个物理量。其单位为亨(H)，另有毫亨(mH)和微亨(μH)等。

(2) 品质因数 Q：也称优质因数，表示线圈质量的一个物理量。它是指线圈在某一频率 f 的交流电压下工作时所呈现的感抗(ωL)与等效损耗电阻 $R_{等效}$ 之比，即

$$Q = \frac{\omega L}{R_{等效}} = \frac{2\pi f L}{R_{等效}}$$

当频率较低时，可认为 $R_{等效}$ 等于线圈的直流电阻；当频率较高时，$R_{等效}$ 应包括各种损

耗在内的总等效电阻。

(3) 分布电容：线圈的匝与匝间，线圈与屏蔽罩间(有屏蔽罩时)，线圈与磁芯、底板间存在的电容均称为分布电容。分布电容的存在使线圈 Q 值减小，稳定性变差，因而线圈的分布电容越小越好。

4) 电感器的质量鉴别

实训基本操作步骤描述：选好万用表的挡位→测量电感器的线圈电阻→判断质量好坏→整理现场。

(1) 电感线圈质量的鉴别：用万用表测量线圈电阻，可大致判别其质量好坏，一般电感线圈的直流电阻很小(为零点几欧到几十欧)，低频扼流圈线圈的直流电阻也只有几百欧至几千欧。

(2) 当被测线圈的电阻值为无穷大时，表明线圈内部或引出端已断路；当被测线圈的电阻值远小于正常值或接近零时，表明线圈局部短路。

(3) 对于 Q 值的推断和估算具体方法如下：

① 当线圈的电感量相同时，直流电阻越小，其 Q 值越高，即所用的电感器直径越大，Q 值越大。

② 当采用多股线绕制线圈时，导线的股数越多(一般不超过 13 股)，其 Q 值越大。

③ 线圈骨架(或铁芯)所用材料的损耗越小，其 Q 值越大。

④ 线圈的分布电容和漏磁越小，其 Q 值越大。

⑤ 当线圈无屏蔽罩，安装位置周围无金属构件时，其 Q 值较大；屏蔽层或金属构架离线圈越近，其 Q 值降低得越多。对于低频电感线圈，可以利用估算法确定 Q 值，即 $Q = \omega L/R$。

◆ **实训器材**

(1) 所用仪表：万用表一个，电容表两个。

(2) 所用器件：不同型号电阻器 10 个，不同型号电位器 10 个，电容器(包括坏电容器)每种各一个。

◆ **实训内容和步骤**

(1) 电阻的识别。

① 作色环电阻板若干块，每块可放置不同的色环电阻 20 个，由学生注明该色环电阻的阻值，并互相交换，反复练习提高识别速度和准确性。

② 作标注具体阻值的电阻板若干块，每块放置不同阻值的电阻 20 个，由学生注明该电阻的色环和分类，并相互交换，反复练习。

(2) 用万用表测量电阻。选用无色环、无数值标注的不同阻值的电阻若干个，通过万用表的测量，要求达到测量快速、准确，区分正确。

(3) 用万用表测量电位器。

① 测量两固定端的阻值。

② 测中间滑动片与固定端间的电阻值，旋转电位器，观察其阻值变化情况。

(4) 将识别与测量的结果填入表 4.1.3 中。

(5) 电容器的识别测试。先在若干个电容器中除去不能使用的电容器(短路和断路的电容器)，接着在完好的电容器中确定它们的漏电电阻大小，并判别哪些是电解电容器。自行绘制表格，进行记录。

表 4.1.3　电阻器识别及测量

由色环写出具体数值				由具体数值写出色环			
色 环	阻 值	色 环	阻 值	阻值/Ω	色 环	阻值/kΩ	色 环
棕黑黑		棕黑红		0.5		2.7	
红黄黑		紫棕棕		1		3	
橙橙黑		橙黑绿		36		5.6	
黄紫橙		蓝灰橙		220		6.8	
灰红红		红紫黄		470		8.2	
白棕黄		紫绿棕		750		24	
黄紫棕		棕黑橙		1000		39	
橙黑棕		橙橙橙		1200		47	
紫绿红		红红红		1800		100	
白棕棕				2000		150	
10 min 内读出色环电阻值				注：20 分满分，每错 1 个扣 2 分			
3 min 内测量无标注电阻数				注：20 分满分，每错 1 个扣 2 分			
电位器测量	固定端阻值			型号及含义		质量好坏	

◆ 评分标准

实训任务评分标准如表 4.1.4 所示。

表 4.1.4　评 分 标 准

序 号	项目内容	评 分 标 准	配 分	扣 分	得 分
1	电阻器的识别与测量	(1) 10 min 内读出电阻器色环电阻数，满分 20 分，每错 1 个扣 2 分 (2) 3 min 内测量无标注电阻数，满分 20 分，每错 1 个扣 2 分	40		
2	电位器的识别与测量	(1) 不会判别好坏扣 2 分 (2) 不会识别每个扣 1 分	30		
3	电容器的识别与测量	(1) 不会判别好坏扣 8 分 (2) 不会识别扣 7 分	30		
4	工时	1 h			
5	备注	不允许超时　　合计 教师 签字　　　　　　　年　月　日			

4.1.2　半导体器件的识别与测试训练

◆ 实训目的

(1) 掌握二极管、三极管的检测方法。

(2) 熟悉其他半导体器件的检测方法。

◆ 实训知识点

1. 晶体二极管的简易测试

常用的晶体二极管有：2AP、2CP、2CZ 系列。2AP 主要用于检波和小电流整流；2CP 主要用于较小功率的整流；2CZ 主要用于大功率整流。

实训的基本操作步骤描述：选好万用表的挡位→测量二极管的正向电阻→测量二极管的反向电阻→判别极性及质量好坏→整理现场。

一般在二极管的管壳上注有极性标记，若无标记，则可利用二极管的正向电阻小、反向电阻大的特点来判别其极性，同时也可利用这一特点判断二极管的好坏。

1) 二极管的检测

(1) 直观识别二极管的极性，二极管的正负极都标在外壳上，如图 4.1.11 所示。其标注形式有的是电路符号，有的用色点或标志环来表示，有的借助二极管的外形特征来识别。

(2) 用万用表的 $R \times 100$ 或 $R \times 1k$ 挡判别二极管的极性，要注意调零。检测小功率二极管的正反向电阻，不宜使用 $R \times 1$ 或 $R \times 10k$ 挡，前者流过二极管的正向电流较大，可能烧坏二极管，后者加在二极管两端的反向电压太高，易将二极管击穿。

(3) 用红、黑表笔同时接触二极管两极的引线，然后对调表笔重新测量，如图 4.1.12 所示。

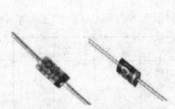

图 4.1.11　二极管的外形图　　　　　　　　图 4.1.12　二极管的检测

(4) 在所测阻值小的那次测量中，黑表笔所接的是二极管的正极，红表笔所接的是二极管的负极。

(5) 晶体二极管正、反向电阻相差越大越好。若两者相差越大，则表明二极管的单向导电特性越好；若两者很相近，则表明二极管已坏；若两者都很大，则表明二极管内部已断路，不能使用。

2) 稳压二极管的检测

(1) 稳压二极管极性的识别：用万用表的 $R \times 1$ 挡测出二极管的正、负引脚。稳压二极管在反向击穿前的导电特性与一般二极管相似，因而可以通过检测正反向电阻的方法来判别其极性。

(2) 稳压二极管与普通二极管的区别：将万用表拨至 $R \times 10k$ 挡上，黑表笔接二极管的负极，红表笔接二极管的正极。若此时测得的反向电阻值变得很小，则说明该管为稳压二极管；反之，若测得的反向电阻仍很大，则说明该管为普通二极管。

2. 晶体三极管的简易测试

实训的基本操作步骤描述：外形判别→选好万用表的挡位→判别极性→判别管型→判别性能质量好坏→整理现场。

1) 三极管的管型和基极判别

(1) 根据三极管的外形粗略判别出管型。目前市场上的小功率金属外壳三极管，NPN 管的高度比 PNP 管低得多，且有一突出的标志。塑封小功率三极管多为 NPN 管，如图 4.1.13 所示。

(2) 将万用表拨到 $R \times 100$(或 $R \times 1k$)挡，先找基极。用黑表笔接触三极管的一根引脚，红表笔分别接触另外两根引脚，如图 4.1.14 所示，测得一组(两个)电阻值；黑表笔依次换接三极管其余两根引脚，重复上述操作，再测得两组电阻值。将测得的电阻值进行比较，当某一组中的两个电阻值基本相同时，黑表笔所接的引脚为三极管的基极。若该组两个电阻值为三组中最小，则说明被测管为 NPN 型；若该组两个电阻值为三组中最大，则说明被测管为 PNP 型。

图 4.1.13　塑封小功率三极管

图 4.1.14　三极管基极和管型的判别

2) 三极管集电极和发射极的判别

(1) 对于 NPN 型三极管，在判断出管型和基极 b 的基础上，将万用表拨到 $R \times 1k$ 挡上，用黑、红表笔接基极之外的两根引脚，再用手同时捏住黑表笔接的电极与基极(手相当于一个电阻器)，注意不要使两表笔相碰，如图 4.1.15 所示，此时注意观察万用表指针向右摆动的幅度。然后，将红、黑表笔对调，重复上述步骤。比较两次检测中指针向右摆动的幅度，以摆动幅度大的为准，黑表笔接的是集电极，红表笔接的是发射极。

图 4.1.15　三极管集电极和发射极的判别

(2) 对于 PNP 型三极管，将万用表拨到 $R \times 100$ 或 $R \times 1k$ 挡，将黑、红表笔接基极之外的两根引脚，再用手同时捏住红表笔接的电极与基极(手相当于一个电阻器)，注意不要使两表笔相碰，此时注意观察万用表指针向右摆动的幅度。然后，将红、黑表笔对调，重复上述的步骤。比较两次检测中指针向右摆动的幅度，以摆动幅度大的为准，黑表笔接的是发射极，红表笔接的是集电极。

3) 硅锗管的判别

用万用表 $R \times 1k$ 挡测量三极管发射结的正向电阻大小(对 NPN 型管,黑表笔接基极,红表笔接发射极;对 PNP 型管,则与 NPN 型管相反)。若测得阻值为 $3 \sim 10 \, k\Omega$,则说明是硅管;若为 $500 \sim 1000 \, \Omega$,则说明是锗管。目前市场上锗管大多为 PNP 型,硅管多为 NPN 型。

4) 三极管的性能检测

(1) 估测 NPN 管的穿透电流 I_{ceo}。用万用表 $R \times 100$ 或 $R \times 1k$ 挡测量集电极、发射极的反向电阻,测得的电阻值越大,说明 I_{ceo} 越小,晶体管稳定性越好。一般,硅管比锗管阻值大,高频管比低频管阻值大,小功率管比大功率管阻值大。

(2) 若万用表有测 β 的功能,则可直接测量读数;若没有测 β 的功能,则可以在基极与集电极间接入一个 $100 \, k\Omega$ 电阻,如 4.1.16(a)所示。此时,集电极与发射极反向电阻较图 4.1.16(b)所示的小,即万用表指针偏摆大,指针偏摆幅度越大,β 值越大。

(3) 晶体三极管的稳定性能判别:在判断 I_{ceo} 时,用手捏住三极管,三极管受人体温度影响,集电极与发射极反向电阻将有所减小,如图 4.1.17 所示。若指针偏摆较大,或者说反向电阻值迅速减小,则三极管的稳定性较差。

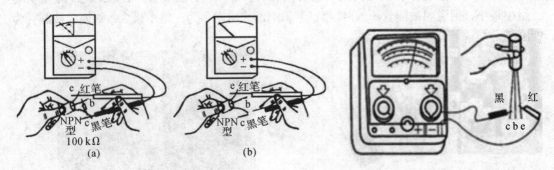

图 4.1.16   三极管 β 值的检测   图 4.1.17   三极管稳定性的判别

3. 晶闸管与单结晶体管的检测

实训的基本操作步骤描述:选好万用表的挡位→判别极性→判别管型→判别性能和质量好坏→整理现场。

1) 晶闸管的检测

(1) 将万用表转换开关置于 $R \times 1k$ 挡,测量阳极(A)与阴极(K)之间、阳极与控制极(G)之间的正、反电阻,正常时电阻值很大(几百千欧以上)。

(2) 将万用表转换开关置于 $R \times 1$ 或 $R \times 10$ 挡,测出控制极对阴极正向电阻,一般应为几欧至几百欧,反向电阻比正向电阻要大一些。若反向电阻为几欧,则不能说明控制极与阴极间短路;若反向电阻大于几千欧,则说明控制极与阴极间断路。

(3) 将万用表转换开关置于 $R \times 100$ 或 $R \times 10$ 挡,黑表笔接 A 极,红表笔接 K 极,在黑表笔保持与 A 极相接的情况下,同时与 G 极接触,这样就给 G 极加上一触发电压,可看到万用表上的电阻值明显变小,这说明晶闸管因触发而导通。在保持黑表笔和 A 极相接的情况下,断开与 G 极的接触,若晶闸管仍导通,则说明晶闸管是好的,若不导通,则一般认为晶闸管损坏。

(4) 根据以上测量方法可以判别出阳极、阴极与控制极,即一旦测出两管脚间呈低阻状态，此时，黑表笔所接的为 G 极，红表笔所接的为 K 极，另一端为 A 极。

2) 单结晶体管的检测

(1) 首先判别发射极：将万用表置于 $R \times 100$ 挡，将红、黑表笔分别接单结晶体管任意两极管脚，测读其电阻；接着对调红、黑表笔，测读电阻。若第一次测得的电阻值小，第二次测得的电阻值大，则第一次测试时黑表笔所接的管脚为 e 极，红表笔所接管脚为 b 极，另一管脚也是 b 极。e 极对另一个 b 极的测试方法同上。若两次测得的电阻值都一样，为 2～10 kΩ，则这两根管脚都为 b 极，另一根管脚为 e 极。

(2) 确定 b1 极和 b2 极：将万用表置于 $R \times 100$ 挡，测量 e 极对 b1 极的正向电阻和 e 极对 b2 极的正向电阻。正向电阻稍大一些的是 e 极对 b1 极；正向电阻稍小一些的是 e 极对 b2 极。

4. 三端稳压器的测量

固定式三端稳压器有输入端、输出端和公共端三个引出端。此类稳压器属于串联调整式，除了基准、取样、比较放大和调整等环节外，还有较完整的保护电路。常用的 CW78×× 系列是正电压输出，CW79×× 系列是负电压输出。根据国家标准，稳压器型号意义如下：

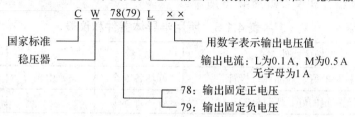

CW78×× 系列和 CW79×× 系列稳压器的管脚功能有较大的差异，在使用时必须要注意。

三端集成稳压器输出电压一般分为 5 V、6 V、9 V、12 V、15 V、18 V、20 V、24 V 等，输出电流一般分为 0.1 A、0.5 A、1 A、2 A、5 A、10 A 等。三端集成稳压器输出电流字母表示法如表 4.1.5 所示。常见的固定式三端集成稳压器外形如图 4.1.18 所示，管脚排列如图 4.1.19 所示。

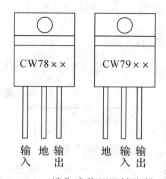

图 4.1.18　固定式三端集成稳压器外形图　　图 4.1.19　三端集成稳压器管脚排列图

表 4.1.5　三端集成稳压器输出电流字母表

字　母	L	M	(无字)	S	H	P
输出电流/A	0.1	0.5	1	2	5	10

实训基本操作步骤描述：选好万用表的挡位→判别极性→判别管型→判别性能质量好

坏→整理现场。

(1) 选好万用表的挡位。将万用表拨至 $R \times 1k$ 挡校零。

(2) 引脚的识别。先假设被测管是三个引脚的稳压二极管，然后将万用表拨至 $R \times 1k$ 挡。用黑表笔任接一个引脚，红表笔分别接另外两个引脚，测得第一组两个电阻值；将黑表笔再换一根引脚用同样的方法测得第二组两个电阻值；再重复此法，获得第三组两个电阻值。在三组数值中，若有一组中的两个电阻值十分接近且为最小，则黑表笔所接的引脚为假设的三端集成稳压器的③脚。

(3) 三端集成稳压器与三极管的区别：在找到③脚后，将万用表换到 $R \times 10k$ 挡，用红表笔接刚测出的③脚，黑表笔依次接触其余两脚。若测的阻值变得很小，而且比较对称，则说明被测的是三个引脚的三端集成稳压器；与此相反，若测得两阻值虽然较小，但不对称，则说明该管为三极管。

◆ 实训器材

所用半导体器件和仪表如表 4.1.6 所示。

表 4.1.6　所用半导体器件和仪表

半导体器件	数　量	仪　表	数　量
有或无标记的好、坏晶体二极管	好坏各 5 个	万用表	1 个
有或无标记的好、坏三极管	好坏各 5 个		

◆ 实训内容和步骤

(1) 首先测试有标记的晶体二极管的极性、性能及好坏，然后测试有标记三极管的管型、管脚、性能及好坏，将上述测试结果与实际标记相对照。

(2) 先测试无标记的晶体二极管的极性、性能和好坏，再测试无标记的三极管的管型、管脚、性能和好坏。

(3) 训练完毕，根据测试的情况写出训练报告。

◆ 评分标准

实训任务评分标准如表 4.1.7 所示。

表 4.1.7　评 分 标 准

序　号	项目内容	评 分 标 准	配分	扣 分	得 分
1	二极管的识别与测试	不会判别管脚及好坏，扣 25 分 不会识别，扣 25 分	50		
2	三极管的识别与测试	不会判别管脚及好坏，扣 25 分 不会识别，扣 25 分	50		
3	时间	1 h(不允许超时)			
4	备注	合计			
		教师 签字		年　月　日	

4.2 电子焊接基本操作

◆ **实训目的**

(1) 掌握电子焊接工具的使用方法。

(2) 熟练进行各种电子器件的焊接。

◆ **实训知识点**

1. 常用电子焊接工具的使用

常用电子焊接工具是指一般专业电工都要运用的常备工具。常用的电子焊接工具有电烙铁、旋具、钢丝钳、尖嘴钳、平嘴钳、斜口钳、镊子等，另外，剥线钳、平头钳、钢板尺、卷尺、扳手、小刀、锥子、针头等也是经常用到的工具。作为一名维修电工，必须掌握这些工具的使用方法。电工常用工具及其使用方法如表 4.2.1 所示。

表 4.2.1　常见电子焊接工具的使用方法

图　示	结　　构	使 用 说 明
 外热式电烙铁	外热式电烙铁是由烙铁头、烙铁芯、外壳、木柄、电源引线、插头等部分组成的。因为烙铁头安装在烙铁芯里面，所以称为外热式电烙铁	常用的电烙铁有外热式、内热式、恒温式和吸锡式几种，它们都是利用电流的热效应进行焊接工作的
烙铁头 传热筒 烙铁芯 支架 **电烙铁结构**	烙铁芯是电烙铁的关键部件，它是将电热丝平行地绕制在一根空心瓷管上，中间用云母片绝缘，并引出两根导线与 220 V 交流电源连接	常用的外热式电烙铁规格有 25 W、45 W、75 W 和 100 W 等。烙铁芯的阻值不同，其功率也不相同。25 W 的电烙铁阻值为 2 kΩ。因此，可以用万用表欧姆挡初步判别电烙铁的好坏及功率的大小
 吸锡电烙铁	吸锡电烙铁是将活塞式吸锡器与电烙铁融为一体的拆焊工具。它具有使用方便、灵活、适用范围宽等特点，但不足之处是每次只能对一个焊点进行拆焊	选用电烙铁时，应考虑以下几个方面： (1) 焊接集成电路、晶体管及其他受热易损元器件时，应选用 20 W 内热式或 25 W 外热式电烙铁 (2) 焊接导线及同轴电缆时，应选用 45～75 W 外热式电烙铁，或 50 W 内热式电烙铁 (3) 焊接圈套的元器件时，如大电解电容器的引线脚、金属底盘接地焊片等，应选用 100 W 以上的电烙铁

图　示	结　构	使　用　说　明
恒温电烙铁	恒温电烙铁的电烙铁头内，装有带磁铁式的温度控制器，通过控制通电时间而实现温控	
电烙铁的握法	反握法就是用五个手指把电烙铁的手柄握在掌内。此法适用于大功率电烙铁，焊接散热量较大的被焊件	使用电烙铁前应进行检查。用万用表检查电源线有无短路、断路；检查电烙铁是否漏电；检查电源线的装接是否牢固；检查螺钉是否松动；检查手柄电源线是否被顶紧；检查电源线套管有无破损 新烙铁在使用前必须进行处理。首先将烙铁头锉成所需的形状，然后接上电源，当烙铁头温度升至可熔化锡时，将松香涂在烙铁头上，再涂上一层焊锡，直至烙铁头的尖端挂上一层锡，便可使用 电烙铁不使用时，不要长期通电，以防损坏电烙铁 电烙铁在焊接时，最好使用松香焊剂，以保护烙铁头不被腐蚀。电烙铁应放在烙铁架上，轻拿轻放，不要将烙铁上的焊锡乱甩 更换烙铁芯时要注意引线不要接错，以防发生触电事故
平嘴钳	平嘴钳的钳口平直，可用于夹弯元器件管脚与导线	
电工钢丝钳	电工钢丝钳由钳头和钳柄两部分组成。钳头由钳口、齿口、刀口和铡口四部分组成	电工钢丝钳可用来加工较粗、较硬的导线，也可作为剪切工具使用
尖嘴镊子	尖嘴镊子用于夹持较细的导线，以便装配焊接。圆嘴镊子用于弯曲元器件引线和夹持元器件焊接(有利于散热)等	镊子分尖嘴镊子和圆嘴镊子两种。使用时要常修整镊子的尖端，保持对正吻合；用镊子时，用力要轻，避免划伤手部

续表二

图　示	结　构	使 用 说 明
旋具	旋具又称为旋凿或起子，它是紧固或拆卸螺钉的工具，有木质柄、透明塑料柄、葫芦形橡胶手柄等	一字形旋具常用规格有 50 mm、100 mm、150 mm 和 200 mm 等，电工必备的是 50 mm 和 150 mm 两种；十字形旋具专供紧固和拆卸十字槽的螺钉，常用的规格有 Ⅰ、Ⅱ、Ⅲ 和 Ⅳ 四种
剥线钳　　剪刀	剥线钳、钢板尺、卷尺、扳手、小刀、剪刀、锥子、针头等也是经常用到的工具	
焊料	焊料是指在焊接中起连接作用的金属材料，它的熔点比被焊物的熔点低，而且易于与被焊物连为一体。焊料按组成成分划分，有锡铅焊料、银焊料、铜焊料，熔点在 450℃以上的称为硬焊料；熔点在 450℃以下的称为软焊料	在电子产品装配中，一般都选用锡铅系列焊料，也称焊锡，其形状有片状、带状、球状、丝状等几种。焊锡在 180℃时便可熔化，使用 25 W 外热式或 20 W 内热式电烙铁便可以进行焊接。它具有一定的机械强度，导电性能、抗腐蚀性能良好，对元器件引线和其他导线的附着力强，不易脱落。常用的焊料是焊锡丝，在其内部夹有固体焊剂松香。焊锡丝的直径有 4 mm、3 mm、2 mm、1.5 mm 等规格
焊剂	松香酒精焊剂的优点是没有腐蚀性，具有高绝缘性和长期的稳定性及耐湿性。电子线路中的焊接通常采用松香、松香酒精焊剂	用焊剂去除焊件表面的氧化物和杂质。焊剂同时也能防止焊件在加热过程中被氧化以及把热量从烙铁头快速地传递到被焊物上，使预热的速度加快

2. 焊接工艺

1) 焊接的技术要求

焊接的质量直接影响整机产品的可靠性与质量。因此，在锡焊时，必须做到以下几点：

(1) 焊点的机械强度要满足需要。为了保证足够的机械强度，一般采用把被焊元器件的引线端子打弯后再焊接的方法，但不能有过多的焊料堆积，防止造成虚焊或焊点之间短路。

(2) 焊接可靠，保证导电性能良好。为保证有良好的导电性能，必须防止虚焊。

(3) 焊点表面要光滑、清洁。为使焊点美观、光滑、整齐，不但要有熟练的焊接技能，而且要选择合适的焊料和焊剂,否则将出现表面粗糙、拉尖、棱角现象,烙铁的温度也要保持适当。

2) 焊接方法及步骤

实训的基本操作步骤描述:焊接前的准备→清除元件搪锡→焊接→检查→整理现场。

焊接方法及步骤如表 4.2.2 所示。

表 4.2.2　焊接方法及步骤

名　称	图　示	操作方法	操作说明
焊接前的准备		元器件引线加工成形:元器件在印制板上的排列和安装方式有两种,一种是立式,另一种是卧式。引线的跨距应根据元器件尺寸优选2.5的倍数	加工时,注意不要将引线齐根弯折,需用工具保护引线的根部,以免损坏元器件
焊接前的准备		元器件引线表面会产生一层氧化膜,影响焊接。要先清除氧化膜再搪锡(镀锡)	除少数元器件有银、金镀层的引线外,大部分元器件引脚在焊接前必须搪锡
焊接	焊锡　烙铁 	准备。焊接前的准备工作是检查电烙铁,电烙铁要良好接地,而且导线无破损,连接牢固。烙铁头要保持清洁,能够挂锡并使电烙铁通电加热	焊接具体操作的五步法:准备、加热、送锡、撤锡、撤烙铁。对于小热容量焊件而言,整个焊接过程不超过2~4 s
焊接		加热。加热是指加热被焊件引线及焊盘。加热时要保证元器件引线及焊盘同时加热、同时达到焊接温度	电烙铁头加热要沿 45° 方向紧贴元器件引线并与焊盘紧密接触
焊接		送锡。送焊锡丝是控制焊点大小的关键一步,送锡过程要观察焊点的形成过程,控制送锡量	注意:焊锡丝应从烙铁的对侧加入,而不是直接加在烙铁头上
焊接		撤锡。当焊盘上形成适中的焊点后,要将焊锡丝及时撤离	撤离时速度要快
焊接		撤离电烙铁。撤离电烙铁要先慢后快,否则焊点收缩不到位容易形成拉尖	撤离方向也要与焊盘成45° 夹角

名　称	图　示	操作方法	操作说明
焊接操作方法	(a) 不正确　　(b) 正确	采用正确的加热方法:根据焊件形状选用不同的烙铁头,尽量要让烙铁头与焊件形成面接触而不是点接触或线接触,这样能大大提高效率	不要用烙铁头对焊件加力,这样会加速烙铁头的损耗和造成元件损坏
	烙铁头　焊锡　工件 (1)　(2)　焊锡挂在烙铁头上 (3)　烙铁头吸除焊锡 (4)　烙铁头上不挂锡 (5)	采用正确的撤离烙铁方式,烙铁撤离要及时。 (1) 烙铁轴向 45° 撤离; (2) 向上撤离拉尖; (3) 水平方向撤离; (4) 垂直向下撤离,烙铁头吸除焊锡; (5) 垂直向上撤离,烙铁头上不挂锡	加热要靠焊锡桥,就是靠烙铁上保留的少量焊锡作为加热时烙铁头与焊件之间传热的桥梁,但作为焊锡桥的锡保留量不可过多
	(a) 过多　　(b) 过少	焊锡量要合适。焊锡量过多容易造成焊点上焊锡堆积并容易造成短路,且浪费材料;焊锡量过少,容易焊接不牢,使焊件脱落	焊锡凝固前不要使焊件移动或振动,不要使用过量的焊剂和用已热的烙铁头作为焊料的运载工具
导线同接线端子的焊接		绕焊:把经过镀锡的导线端头在接线端子上缠一圈,用钳子拉紧缠牢后进行焊接。这种焊接可靠性最好	导线与接线端子、导线与导线之间的焊接有三种基本形式:绕焊、钩焊和搭焊
	L	钩焊:将导线端弯成钩形,钩在接线端子上并用钳子夹紧后焊接	这种焊接操作简便,但强度低于绕焊
	L	搭焊:把镀锡的导线端搭到接线端子上施焊	这种焊接最简便但强度、可靠性最差,仅用于临时连接等

续表二

名　称	图　示	操作方法	操作说明
导线与导线的焊接	 (a) 细导线绕到粗导线上 (b) 绕上同样粗细的导线 (c) 导线搭焊	1—剪去多余部分； 2—绝缘前焊接； 3—扭转并焊接； 4—热缩套管 　导线之间的焊接以绕焊为主，操作步骤如下： 　(1) 去掉一定长度的绝缘层； 　(2) 端头上锡，并套上合适的绝缘套管； 　(3) 绞合导线，施焊； 　(4) 趁热套上套管，冷却后套管固定在接头处	对调试或维修中的临时线，也可采用搭焊的办法
空心铆钉板上的焊接	 (a) 直角插焊　(b) 弯角插焊	在空心铆钉板上焊接铜丝(50 个铆钉)，先清除空心铆钉表面氧化层，清除铜丝表面氧化层，然后镀锡，并在空心铆钉上(直插、弯插)焊接	焊点要圆润、光滑，焊锡适中，没有虚焊。剥导线绝缘层时，不要损伤铜芯。导线连接方法要正确、牢靠

◆ **实训器材**

(1) 所用工具：电烙铁，20 W，1 把；尖嘴钳，150 mm，1 把；斜口钳，150 mm，1 把；镊子，1 只。

(2) 所用材料：含有 50 个空心铆钉的板子两块；含有 100 个孔的印制电路板两块；单股及多股铜导线若干；各种焊接片、绝缘套管若干。

◆ **实训内容和步骤**

(1) 在空心铆钉板的铆钉上焊接圆点(50 个铆钉)。先清除空心铆钉表面氧化层，再在空心铆钉板各铆钉上焊上圆点。

(2) 在空心铆钉板上焊接铜丝(50 个铆钉)。先清除空心铆钉表面氧化层，清除铜丝表面氧化层，再镀锡，并在空心铆钉上(直插、弯插)焊接。

(3) 在印制电路板上焊接铜丝(100 个孔)。在保持印制电路板表面干净的情况下，清除铜丝表面氧化层，然后镀锡并在印制电路板上焊接。

(4) 用若干单股短导线，剥去导线端子绝缘层，练习导线与导线之间的焊接。

(5) 用单股及多股导线和焊接片练习导线与端子之间的绕焊、钩焊与搭焊。

◆ **评分标准**

实训任务评分标准如表 4.2.3 所示。

表 4.2.3　评 分 标 准

项目内容	评 分 标 准		配 分	扣 分	得 分
铆钉板上焊接圆点	虚焊、焊点毛糙，每点扣 1 分		10		
铆钉板上焊接铜丝	虚焊、焊点毛糙，每点扣 1 分		10		
印制板上焊接铜丝	虚焊、焊点毛糙，每点扣 1 分		20		
导线与导线的焊接	虚焊、焊点毛糙，每点扣 1 分 导线连接不正确，每处扣 3 分		25		
导线和焊接片的焊接	虚焊、焊点毛糙，每点扣 3 分		25		
安全、文明生产	每一项不合格扣 5～10 分		10		
备注	时间：120 min	评分			
	不允许超时	教师 签字			

4.3　常用电子仪器仪表的使用

4.3.1　直流稳压电源的使用

◆ **实训目的**

(1) 了解直流稳压电源的基本结构和主要技术指标。

(2) 掌握 VD1710-3A 型直流稳压电源的使用方法。

直流稳压电源种类型号繁多，电路结构千姿百态。特别是开关稳压电源，不断向高频、高可靠、低耗、低噪声、抗干扰和模块化方向发展。实验室所用的直流稳压电源，从输出形式上一般分为单路、双路和多路。无论直流稳压电源怎样发展变化，各种直流稳压电源的基本使用方法都大同小异。下面以 VD1710-3A 型直流稳压电源为例简要介绍它的使用方法。

◆ **实训知识点**

1. 直流稳压电源的性能指标

在使用直流稳压电源以前，应充分了解其主要性能指标。表 4.3.1 是 VD1710-3A 型直流稳压电源的主要性能指标。

表 4.3.1　VD1710-3A 型直流稳压电源的主要性能指标

名　称	数　据	名　称	数　据
输出电压	2×32 V 连续可调	负载效应	电压：$\leqslant 5\times10^{-4}+2$ mV 电流：$\leqslant 20$ mA
输出电流	2×3 A 连续可调	纹波及噪声	电压：$\leqslant 1$ mV 电流：$\leqslant 1$ mA
输入电源电压	220 V ± 10%，50 Hz ± 4%	相互效应	电压：$\leqslant 5\times10^{-5}+1$ mV 电流：$\leqslant 0.5$ mA

2. 直流稳压电源的外形结构

图 4.3.1 是 VD1710-3A 型直流稳压电源的面板结构示意图，各部件功能介绍如表 4.3.2 所示。

图 4.3.1   VD1710-3A 型直流稳压电源面板结构示意图

表 4.3.2   VD1710-3A 型直流稳压电源各部件功能介绍

编 号	功能说明	编 号	功能说明
1	电源开关	9	跟踪模式选择按钮
2	Ⅰ、Ⅱ路电压、电流输出显示	10、13	Ⅰ、Ⅱ路输出 "+" 端口
3、6	Ⅰ、Ⅱ路电压调节旋钮	11、14	Ⅰ、Ⅱ路输出 "−" 端口
4、7	Ⅰ、Ⅱ路电流调节旋钮	12	接地端
5、8	Ⅰ、Ⅱ路输出电压、电流选择按钮		

3. 直流稳压电源的使用

(1) 将电源开关置于 "ON" 位置，接通交流电源，指示灯亮。

(2) 调节 "电压调节旋钮" 和 "电流调节旋钮" 至所需的电压和电流值。

(3) 根据外部负载电源的极性，正确连接电源输出端的 "+" 端和 "−" 端。

(4) 跟踪模式：将 "跟踪模式选择按钮" 按下，在Ⅰ路输出负端、接地端和Ⅱ路输出正端之间加一短接线，整机即工作在主-从跟踪状态。

4. 直流稳压电源使用时的注意事项

(1) 使用时应先调整到需要的电压后，再接入负载。

(2) 散热风扇位于机器的后部，应留有足够的空间，有利于机器散热。

(3) 使用完毕，应将面板上各旋钮、开关的位置复原，最后切断电源开关避免输出端短路。

4.3.2 函数信号发生器的使用

◆ **实训目的**

(1) 了解函数信号发生器的基本结构和主要技术指标。

(2) 掌握 VD1641 型函数信号发生器的使用方法。

信号发生器是电子测量系统不可缺少的重要设备。它的功能是产生测量系统所需的不同频率、不同幅度的各种波形信号，这些信号主要用来测试、校准和检修设备。信号发生器可以产生方波、三角波、锯齿波、正弦波、正负脉冲信号等，其输出信号的幅值可按需要进行调节。下面以 VD1641 型函数信号发生器为例简要介绍它的使用方法。

◆ **实训知识点**

1. 函数信号发生器的性能指标

VD1641 型函数信号发生器能产生正弦波、方波、三角波、脉冲波、锯齿波等波形信号，频率范围宽，可达 2 MHz，具有直流电平调节、占空比调节、VCF 功能等，频率显示有数字显示和频率计显示，频率计可外测。VD1641 型函数信号发生器主要性能指标如表 4.3.3 所示。

表 4.3.3　VD1641 型函数信号发生器的性能指标

名　称	数　据	名　称	数　据
波形	正弦波、方波、三角波、脉冲波、锯齿波等	占空比	10%～90% 连续可调
频率	0.2 Hz～2 MHz	输出阻抗	50 Ω ± 10%
显示	4 位数显示	正弦失真	≤2%(20 Hz～20 kHz)
频率误差	±1%	方波上升时间	≤5 ns
幅度	1 mV～25 V_{P-P}	TTL 方波输出	≥3.5 V_{P-P}
功率	≥3 W_{P-P}	外电压控制扫频	输入电平 0～10 V
衰减器	0 dB、-20 dB、-40 dB、-60 dB	输出频率	1∶100
直流电平	-10 V～+10 V	TTL 方波上升时间	≤25 ns

2. 函数信号发生器的外形结构

图 4.3.2 是 VD1641 型函数信号发生器的面板结构示意图，各部件的功能介绍如表 4.3.4 所示。

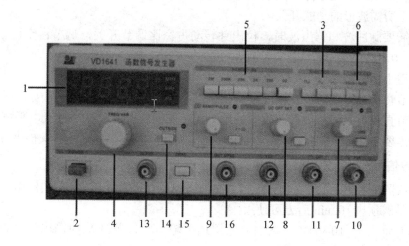

图 4.3.2　VD1641 型函数信号发生器的面板结构示意图

表 4.3.4　VD1641 型函数信号发生器各部件功能介绍

编 号	名 称	功 能
1	显示屏	4 位数显示频率
2	电源开关(POWER)	按下此键，电源打开
3	功能开关(FUNCTION)	选择输出波形
4	频率微调(FREQ VAR)	频率覆盖范围 10 倍
5	分挡开关(RANGE-Hz)	10 Hz～2 MHz(分六挡选择)
6	衰减器(ATT)	开关按入时衰减 30 dB
7	幅度(AMPLITUDE)	幅度可调
8	直流电平偏移调节(DC OFF SET)	当开关拉出时，直流电平为 -10～+10 V 连续可调；当开关按入时，直流电平为零
9	占空比调节(RAMP/PULSE)	当开关按入时，占空比为 50%；当开关拉出时，占空比为 10%～90% 内连续可调，频率为指示值÷10
10	输出端(OUT PUT)	波形输出端
11	TTL 输出端(TTL OUT)	TTL 电平输出端
12	控制电压输入端(VCF)	把控制电压从 VCF 端输入，则输出信号频率将随输入电压值而变化
13	输入端(IN PUT)	外测频输入
14	测频方式选择按键(OUT SIDE)	测频方式(内/外)
15	单次脉冲开关(SPSS)	单次脉冲开关
16	单次脉冲输出端(OUT SPSS)	单次脉冲输出

3. 函数信号发生器的使用

(1) 将仪器接入交流电源，按下电源开关。

(2) 按下所需波形的功能开关。

(3) 当需要脉冲波和锯齿波时，拉出并转动占空比调节开关，调节占空比，此时频率为指示值 ÷ 10，其他状态时关掉。

(4) 当需小信号输入时，按入衰减器。

(5) 调节幅度至需要的输出幅度。

(6) 调节直流电平偏移至需要设置的电平值，其他状态时关掉，直流电平将为零。

(7) 当需要 TTL 信号时，从脉冲输出端输出，此电平将不随功能开关改变。

4. 函数信号发生器使用时的注意事项

(1) 把仪器接入交流电源之前，应检查交流电源是否和仪器所需要的电源电压相适应。

(2) 仪器需预热 10 min 后方可使用。

(3) 不能将大于 10 V(DC + AC)的电压加至输出端、单次脉冲输出端和控制电压输入端。

4.3.3 交流毫伏表的使用

◆ **实训目的**

(1) 了解交流毫伏表的基本结构和主要技术指标。

(2) 掌握 VD2173 型双通道交流毫伏表的使用方法。

毫伏表的种类、型号较多，但使用方法大同小异，下面以 VD2173 型双通道交流毫伏表为例，介绍毫伏表的使用方法。

VD2173 型双通道交流毫伏表属于放大-检波式电压表，表头指示出正弦波电压的有效值。该表包含两组性能相同的集成电路及晶体管，组成高稳定度的放大电路和表头指示电路，其表头采用同轴双指针式结构，可十分清晰、方便地进行双路交流电压的同时比较和测量。

◆ **实训知识点**

1. 交流毫伏表的主要性能指标

VD2173 型双通道交流毫伏表主要性能指标如表 4.3.5 所示。

表 4.3.5　VD2173 型双通道交流毫伏表主要性能指标

名　称	数　据
测量电压范围	100 μV～300 V
测量电平范围	−60～50 dB
测量电压的频率范围	10 Hz～2 MHz
电压误差	±3%
频率响应误差	频率为 20 Hz～100 kHz 时，其响应误差小于等于 ±3%；频率为 10 Hz～2 MHz 时，其响应误差小于等于 ±8%

2. 交流毫伏表的外形结构

图 4.3.3 是 VD2173 型双通道交流毫伏表的面板结构示意图。

1—电源开关；
2—左通道输入量程旋钮(黑色)；
3—右通道输入量程旋钮(红色)；
4—左通道输入插座；
5—右通道输入插座

图 4.3.3　VD2173 型双通道交流毫伏表的面板结构示意图

3. 交流毫伏表的使用

(1) 接通电源前先检查表针机械零点是否为"零"，若不为零，则要进行机械调零，使指针指示在左端零刻度线上。

(2) 打开电源开关，电源指示灯亮。

(3) 将信号输入线的信号端和接地端短接，校正调零，使指针指到零位。

(4) 调整量程旋钮，选择适当的测量量程。

(5) 将信号输入线的信号端接到电路板的被测点上，而信号输入线的接地端接到电路板的地线上。

(6) 读数。读数时需注意事项如下：

① 读数时应与量程结合读取数值。标有 0～10 数值的第一条刻度线，适用于 1 V、10 V、100 V 量程；标有 0～3 数值的第二条刻度线，适用于 3 V、30 V、300 V 量程。

② 满度时等于所选量程的值。例如所选量程为 30 mV，满度时所测量电压值为 30 mV。

③ 第三条刻度线用来测量电平分贝(dB)值，所测量值用指针读数与量程值的代数和来表示，即测量值 = 量程 + 指针读数。例如量程选 10 dB，测量时指针在 -4 dB 位置，则测量值为 10 dB + (-4 dB) = 6 dB。

4. 交流毫伏表使用时的注意事项

(1) 接通电源及转换输入量程时，由于电容的放电过程，指针有所晃动，需待指针稳定后才可读数。

(2) 测量时若出现读数太小或超过刻度范围的情况，则应改选量程(量程选择的原则是尽量使指针在全刻度的 2/3 处左右读数)。每转换一个量程必须重新校正调零。

(3) 在不知所测电压的大小时，应先选择最大量程，然后逐渐减小到合适的量程。

(4) 毫伏表的表盘值是按正弦波有效值进行刻度的，故不能测量非正弦交流电压。

(5) 当量程开关置于毫伏挡时，应避免用手触及输入端。接线次序是先接地端，后接非地端；拆线次序是先拆非地端，后拆接地端。

(6) 测量结束，应将信号输入端和接地端进行短接，或将量程开关拨到较大量程，避免外界感应电压输入损坏毫伏表。

◆ **实训器材**

单管低频放大电路板 1 块/组；VD2173 型交流毫伏表 1 台/组；VD1710-3A 型直流稳压电源 1 台/组；VD1641 型函数信号发生器 1 台/组。

◆ **实训内容和步骤**

(1) 按教材所介绍的方法对毫伏表调零后，接通电源预热待用。

(2) 将放大电路板、稳压电源、低频信号发生器按如图 4.3.4 所示的结构进行连接，确

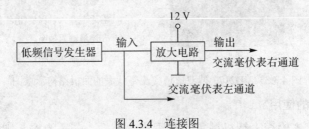

图 4.3.4　连接图

认无误后，接通电源观察毫伏表指针的偏转情况。若指针偏转角过量程，则需调节低频信号发生器的输出电压幅度或更换毫伏表的量程。

(3) 各仪器的参数参考值。

① 低频信号发生器：输出频率为 1 kHz，输出电压为 1～2 mV。

② 稳压电源：12 V。

③ 交流毫伏表：左通道量程为 3 mV，右通道量程为 1～3 V。

(4) 观测毫伏表的指针，按要求填写表 4.3.6。

表 4.3.6　放大电路动态性能测试

测试条件		测量数据		由测试值计算
C_E	R_L	U_i/mV	U_o/V	$A_u = U_o/U_i$
接入	∞			
接入	接入			
断开	接入			

4.3.4　示波器的使用

◆ 实训目的

(1) 了解示波器的作用和特点。

(2) 熟悉 V-252 双踪示波器各旋(按)钮的作用。

(3) 掌握 V-252 双踪示波器的使用方法。

◆ 实训知识点

1. 示波器的作用

在实际的测量中，大多数被测量的电信号都是随时间变化的函数，可以用时间的函数来描述。示波器就是一种能把随时间变化的、抽象的电信号用图像来显示的综合性电信号测量仪器，主要测量内容包括：电信号的电压幅度、频率、周期、相位等电量，示波器与传感器配合还能完成对温度、速度、压力、振动等非电量的检测。所以，示波器已成为一种直观、通用、精密的测量工具，广泛地应用于科学研究、工程实验、电工电子、仪器仪表等领域，对电量及非电量进行测试、分析、监视。

2. 示波器的特点

(1) 能将肉眼看不到的、抽象的电信号用具体的图形表示，使之便于观察、测量和分析。

(2) 波形显示速度快，工作频率范围宽，灵敏度高，输入阻抗高。

(3) 利用电路存储功能，可以观察瞬变的信号。

(4) 配合传感器后，可以观察非电量的变化过程。

(5) 一般来说，示波器体积较大，不便于携带。现在也有一种类似于数字式万用表大小的示波表，但其功能并不齐全。

3. V-252 双踪示波器面板介绍

能在同一屏幕上同时显示两个被测波形的示波器称为双踪示波器。要在一个示波器的屏幕上同时显示两个被测波形，一般有两种方法：一是采用双线示波管，即要有两个电子枪、两套偏转系统的示波管；另一种方法是将两个被测信号用电子开关控制，不断交替地送入普通示波管中进行轮流显示，只要轮换的速度足够快，由于示波管的余辉效应和人眼的视觉残留作用，屏幕上就会同时显示出两个波形的图像，通常将采用这种方法的示波器称为双踪示波器。本书以 V-252 双踪示波器为例介绍示波器的使用，它操作方便、性价比较高，在社会上有较大的拥有量。

1) V-252 双踪示波器面板结构图

V-252 双踪示波器面板结构示意图如图 4.3.5 所示。

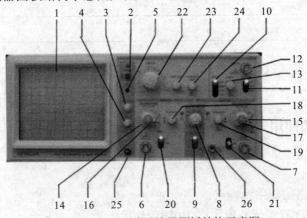

图 4.3.5　V-252 双踪示波器面板结构示意图

2) V-252 双踪示波器各操作部件功能介绍

(1) 电源控制部分。电源控制部分各部件功能介绍如表 4.3.7 所示。

表 4.3.7　电源控制部分各部件功能

编　号	名　称	功　能
1	显示屏	显示波形
2	电源开关(POWER)	当按下此键时，电源打开，且 LED 发光

(2) 电子束控制部分。电子束控制部分各部件功能介绍如表 4.3.8 所示。

表 4.3.8　电子束控制部分各部件功能

编　号	名　称	功　能
3	辉度(INTEN)	调节电子束的强度，控制波形的亮度，顺时针调节时亮度增大
4	聚焦(FOCUS)	调节波形线条的粗细，使波形最细、最清晰
5	光迹旋转(TRACE ROATION)	调整水平基线倾斜度，使之与水平刻度重合

(3) 垂直(信号幅度)控制部分。垂直(信号幅度)控制部分各部件功能介绍如表 4.3.9 所示。

表 4.3.9 垂直(信号幅度)控制部分各部件功能

编 号	名 称	功 能
6、7	CH1、CH2 输入	信号输入,接探头
8	垂直工作模式选择 (MODE)	CH1、CH2:此时单独显示 CH1 或 CH2 的信号 ALT:交替显示方式,用于观测较高频率的信号 CHOP:断续显示方式,用于观测低频信号 ADD:两个信道的信号叠加显示
14、15	垂直微调	垂直电压微调、校准。校准时,应顺时针旋到底。拔出时,垂直灵敏度扩大 5 倍
16、17	垂直衰减调节 (VOLTS/DIV)	信号电压幅度调节,使波形在垂直方向得到合适的显示,从 5 mV/格~5 V/格分 10 挡。可以分别控制 CH1 和 CH2 通道
18、19	垂直位移 POSITION)	调节基线垂直方向上的位置。当 CH2 通道拉出此旋钮时,CH2 的信号被反相
20、21	输入信号耦合方式选择	AC:只输入交流信号 DC:交直流信号一起输入 接地:将输入端短路,适用于基线的校准

(4) 水平(时基)控制部分。水平(时基)控制部分各部件功能介绍如表 4.3.10 所示。

表 4.3.10 水平(时基)控制部分各部件功能

编 号	名 称	功 能
22	水平扫描时间系数调节 (TIME/DIV)	调节水平方向上每格所代表的时间。可在 0.2 μs/格~0.2 s/格范围内调节,共 19 挡
23	扫描微调控制	水平扫描时间微调、校准。校准时,应顺时针旋到底
24	水平位移(POSITION)	调节波形在水平方向的位置。此旋钮拔出后处于扫描扩展状态,为 ×10 扩展,即水平灵敏度扩大 10 倍

(5) 触发控制部分。触发控制部分各部件功能介绍如表 4.3.11 所示。

表 4.3.11 触发控制部分各部件功能

编 号	名 称	功 能
9	内部触发信号源选择开关(INT TRIG)	CH1:以 CH1 的输入信号作为触发源 CH2:以 CH2 的输入信号作为触发源 VERT MODE:分别以交替的 CH1 和 CH2 两路信号作为触发信号源
10	触发方式选择(MODE)	自动(AUTO):扫描电路自动进行扫描,无输入信号时,屏幕上仍可显示时间基线。适用于初学者使用,长时间不用时,为保护荧光屏,应调小亮度 常态(NORM):有触发信号才能扫描,即当没有输入信号时,屏幕无亮线 视频-行(TV-H):用于观测视频-行信号 视频-场(TV-V):用于观测视频-场信号

编　号	名　称	功　　能
11	触发源选择(SOURCE)	内触发(INT)：以内部信号作为触发信号，由 9 号 INT TRIG 开关 (内部触发信号源选择开关)来选择 电源(LINE)：使用电源频率信号为触发信号 外接(EXT)：此时需要外部输入触发信号
12	外触发信号输入端 (TRIG INPUT)	当触发源置于外接时，由此输入触发信号
13	触发电平/触发极性选择开关(LEVEL)	触发电平调节(同步调节)，使扫描与被测信号同步，其作用是使波形稳定 极性开关用来选择触发信号的极性，(拉出)拨在"+"位置时上升沿触发，拨在"−"位置时下降沿触发

(6) 其他。其他部件功能介绍如表 4.3.12 所示。

表 4.3.12　其他部件功能

编　号	名　称	功　　能
25	校准信号	此处是由示波器本身所产生的一个幅度为 0.5 V、频率为 1 kHz 的方波信号，供示波器的探头补偿校准用
26	示波器接地	接大地

4. 示波器的测量方法

1) 示波器扫描基线的获得(以 CH1 通道为例)

(1) 开机。按下电源开关，指示灯亮。

(2) 将垂直通道的工作方式设为 CH1，且将 CH1 的输入耦合方式设为接地(GND)。

(3) 将辉度旋钮调大(顺时针调节)。

(4) 将触发方式设为自动，此时应该出现扫描基线，如图 4.3.6 所示。若此时未出现基线，则可以尝试下一步操作。

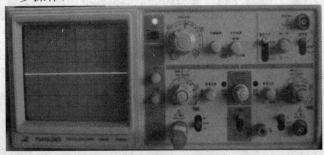

图 4.3.6　调节扫描基线

(5) 调节垂直位移，找出扫描基线且调节旋钮使基线与水平轴重合。若基线与 X 轴只能相交不能重合，则可以尝试下一步操作。

(6) 调节光迹旋转，使基线与水平轴重合。

(7) 调节聚焦使水平基线最清晰(最细小)。

经过以上操作，能在屏幕上得到一条最清晰的水平扫描基线，示波器使用的第一步完成。

2) 示波器的校准

(1) 探头如图 4.3.7 所示。

注意：当衰减开关拨到 ×1 时，垂直方向上每格的电压值为指示值；当拨到 ×10 时，垂直方向上每格的电压值为指示值 ×10。

(2) 将探头接示波器端，探头插入端口且顺时针旋转方能正确连接。

(3) 接上示波器的校准信号。

(4) 适当调节"电压/格""时间/格"，分别关闭 CH1 的电压微调和时间微调，即将微调旋钮顺时针调到底。

(5) 得到校准信号波形，如图 4.3.8 所示。

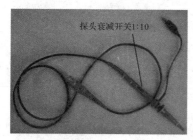

图 4.3.7 探头

图 4.3.8 校准信号波形

3) 实测信号时注意事项

(1) 示波器是一种精密仪器，应避免强烈震动和置于强磁场中。

(2) 检查电源电压是否合乎要求，本仪器要求电源电压为～220 V、50 Hz。

(3) 不可将光点和扫描线调得过亮，以免在荧光屏上留下黑斑。

(4) 输入端电压应不超过示波器规定的最大允许电压。

(5) 不要随意调节面板上的开关和旋钮，以避免开关和旋钮失效。

(6) 测量高电压时，严禁用手直接接触被测量点，以免触电。

4) 直流电压的检测

(1) 测量对象：9 V 层叠电池的电压。

(2) 获得正确的扫描基线，输入耦合方式选择 DC。

(3) 探头接法如图 4.3.9 所示。

(4) 关闭垂直微调(顺时针旋到底)，合理选择"电压/格"旋钮，使波形在荧光屏上适中显示，如图 4.3.10 所示。

图 4.3.9 接探头

图 4.3.10 调为 5V/格

(5) 此时得到测量波形如图 4.3.11 所示。

图 4.3.11　电池的测量波形

根据图 4.3.11 读出参数：

$$电压 = 垂直格数 \times 伏特/格 = 1.8\ 格 \times 5\ V/格 = 9(V)$$

5) 正弦交流信号的检测

(1) 测量对象：正弦波信号发生器的输出端。

(2) 正确选择"电压/格"和"时间/格"。

(3) 波形不同步如图 4.3.12 所示，其原因可能为：触发源选得不对；触发电平调得不合适。波形不同步，首先检查触发源是否与输入通道一致(CH1 或 CH2)，其次调节触发系统的同步电平。

图 4.3.12　波形不同步

(4) 经如上调节，得稳定波形图，如图 4.3.13 所示。

图 4.3.13　正弦信号波形

波形参数的读取：根据 $U_{P-P} = 垂直格数 \times 伏特/格$，有

$$U_{P-P} = 4 \times 0.2(V) = 0.8(V)$$

$$U_{有} = \frac{U_{P-P}}{2} \times 0.707 = \frac{0.8}{2} \times 0.707(V) \approx 0.283(V)$$

周期 T = 水平格数 × 时间/格 = $4.6 × 0.2$(ms) = 0.92(ms)，

正半周 T_H = 正半周所占水平格数 × 时间/格 = $2.3 × 0.2$(ms) = 0.46(ms)

负半周 T_L = 负半周所占水平格数 × 时间/格 = $2.3 × 0.2$(ms) = 0.46(ms)

频率 f = $1/T$，有 f = $1/0.92$(ms) = 1.087(kHz)。

6) 双踪显示(目的：计算两个信号的相位差)

(1) 测量对象：同频率的两个正弦信号。

(2) 将 CH1 接信号 1，将 CH2 接信号 2，调节各旋钮，得两信号如图 4.3.14 所示。

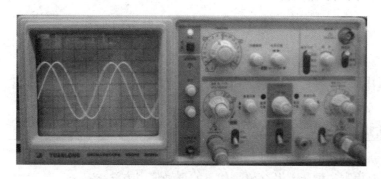

图 4.3.14　同频率正弦信号的相位比较

求相位差的方法：一个周期在 X 轴上的格数为 5.8 格，所以每格代表的相位为 62.1°(一个周期为 $2\pi = 360°$，所以每格所代表的相位为 360° 除以一个周期的水平总格数)，则相位差 $\Delta\varphi = 1 × 62.1° = 62.1°$。

◆ **实训器材**

(1) V–252 双踪示波器 1 台。

(2) 信号发生器(实验电路板)1 台。

◆ **实训内容和步骤**

(1) 对示波器进行校准。

(2) 将信号发生器的输出波形设为锯齿波。

(3) 示波器的旋钮设置。

① 垂直通道的设置，填表 4.3.13。

表 4.3.13　垂直通道设置

旋钮名称	工作模式	输入信号耦合	垂直微调	电压/格
旋钮设置				

② 水平通道的设置，填表 4.3.14。

表 4.3.14　水平通道设置

旋钮名称	扫描微调	时间/格
旋钮设置		

③ 触发源的设置，填表 4.3.15。

表 4.3.15   触发源设置

旋钮名称	触发方式	触发源	触发耦合	触发极性	触发电平
旋钮设置					

(4) 画出波形图。

4.4   功能电路装配训练

4.4.1   稳压电源

◆ **实训目的**

(1) 了解新元器件的作用并理解电源电路的工作原理。

(2) 掌握万用表、调压器及交流毫伏表的正确使用方法。

(3) 掌握稳压电源测试电路的组建及相关点数据的测试。

◆ **实训器材**

万用表、交流毫伏表、调压器和白色水泥电阻(10 Ω 和 15 Ω)。

◆ **实训内容**

1) 原理图

稳压电源电路的原理图如图 4.4.1 所示。

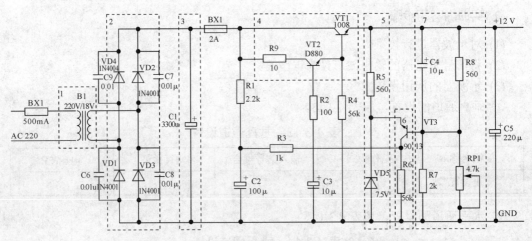

1—降压电路；2—桥式整流电路；3—滤波电路；4—调整电路；

5—基准电路；6—比较放大电路；7—取样电路

图 4.4.1   稳压电源电路的原理图

2) 线路板图

稳压电源的线路板如图 4.4.2 所示。

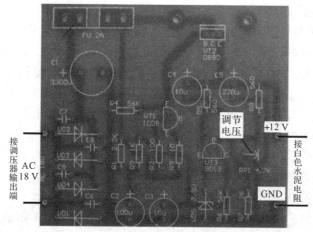

图 4.4.2　稳压电源的线路板

3) 接线示意图

稳压电源测试电路的接线示意图如图 4.4.3 所示。

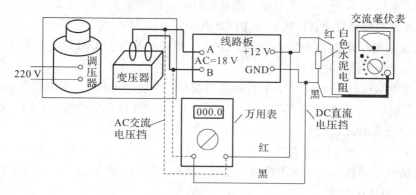

图 4.4.3　稳压电源测试电路的接线示意图

4) 实训要求

(1) 调试空载输出电压为 (12 ± 0.2)V(输入 AC 220 V)。

(2) 测试电流调整率，在输入为 AC 220 V，输出电流为空载和 1 A 时测输出电压，并记录、计算电流调整率。

(3) 测试输出纹波电压(在输入为 220 V、负载电流为 1 A 的额定工作状态下)。

(4) 测试电压调整率，在输出电流为 1 A，输入电压为 198 V 及 242 V 时，测输出电压，并记录、计算电压调整率。

◆ 调试步骤

(1) 调试空载输出电压为 (12 ± 0.2)V(输入 AC 220 V)，如实测达不到指标，则说明超差原因及调整方法。

① 检查工作台的调压器、变压器和负载电阻是否完好。用万用表 AC 500 V 挡测量调

压器输出端电压；用万用表 200 Ω 挡测量变压器初级电阻、次级电阻；用万用表 200 Ω 挡测量负载电阻，把阻值调节在 12 Ω 左右。

② 按如图 4.4.3 所示接线示意图连接电路(空载情况)。

③ 各点电压的测量。把调压器的输出电压调到 AC 220 V(用万用表 AC 500 V 挡测量)，即变压器的初级输入电压，填入表 4.4.1 中；用万用表 AC 200 V 挡测量变压器次级电压，填入表中；用万用表 DC 200 V 挡，黑表笔接地，红表笔测保险丝夹上的电压，即整流以后的电压，填入表中；用万用表 DC 20 V 挡，黑表笔接地，红表笔测稳压电源输出"+"端电压 U_1，填入表中，也可以把黑表笔绕在导线上测量。要求空载输出电压为(12 ± 0.2)V，达不到可以调节电位器 RP1。

(2) 测试电流调整率，在输入为 AC 220 V，输出电流为空载和负载 1 A 时，测输出电压并记录和计算电流调整率。

① 接上步，电路板输出端接负载电阻。

② 将万用表 DC 10 V 挡串入负载回路，通电，调节负载电阻的阻值。

③ 取下万用表表笔，把表笔插回原位，接好负载；再用万用表 DC 20 V 挡测量负载两端电压，即负载电压 U_2，填入表 4.1.1 中。

④ 切断电源。

⑤ 空载电压 U_1 即前步中电路板不接负载时的输出电压 12.00 V。

⑥ 电流调整率计算公式：$(U_1 - U_2)/U_1 × 100\%$。

(3) 测试输出纹波电压(在输入为 AC 220 V、负载电流为 1 A 的额定工作状态下)。

① 接上步，电路连接保持不变。

② 用交流毫伏表 1 mV 或 3 mV 挡测量负载两端的纹波电压，一般测量值应小于 1 mV 为好。交流毫伏表红色夹子接"+"，黑色夹子接 GND，选择正确的量程挡位，正确读数，当指针满 2/3 刻度时读数误差最小。

③ 测量值填入表 4.1.1 中。

(4) 测试电压调整率，在输出电流为 1 A、输入电压为 198 V 及 242 V 时测输出电压，并记录和计算电压调整率。

① 负载 1 A 不变，万用表 AC 500 V 挡测调压器输出端，调节旋钮使读数为 198 V，再用万用表 DC 20V 挡测负载两端的电压，记录填表。接上步通电，负载电阻不用调节，保持不变，调节调压器，使其输出 198 V 电压，测量负载两端的电压 U_1，断电。

② 再用万用表 AC 500 V 挡测调压器输出端，调节旋钮使读数为 242 V，然后用万用表 DC 20 V 挡测负载两端电压，记录填表。接上步通电，负载电阻不用调节，保持不变，调节调压器，使其输出 242 V 电压，测量负载两端电压 U_3。

③ 输出电压为 AC 220 V 时，测量负载两端电压，同前面测量 1 A 时的电压 U_2，填入表 4.4.1 中。

④ 电压调整率计算公式：$(U_3 - U_1)/U_2 × 100\%$。

多次测量，取较大值。

◆ 调试报告

将调试过程中，所测数据填入表 4.4.1 中。

表 4.4.1　调试数据记录表

空　载	变压器输入电压	变压器输出电压	整流后电压	稳压输出电压
电压调整率（加载）	电源输入电压	198 V	220 V	242 V
	稳压输出电压			
电流调整率	输出电流	空载	1 A	输出纹波电压
	输出电压			
问题解答及故障处理情况：				
完成人				

◆ **注意事项**

(1) 测量中，掌握万用表单手操作的方法，以便实现边监测边调试，不会引起因操作失误而使电路短路，做到安全操作，测量中应选择合适的地电位(参考点)。

(2) 测变压器输出端电压时，注意万用表使用的挡位，如果误用电流挡测量则会烧坏调压器。

(3) 当线路板 AC 输入端接入 18 V 交流电压时，红、黑两夹子应设法分开固定，保证操作过程中不会短路而烧坏调压器。

(4) 使用交流毫伏表测量纹波电压时，应表而定，注意机械调零。接线时，最好处于关机状态，先接黑色夹子，再接红色夹子；撤除时，恰好相反。

(5) 电源输出如果不正常，应先检查元件是否焊错或焊接是否可靠。一般情况下，如果超过 +12 V，并且不可调，则说明调整电路处于饱和状态；如果低于 +12 V，同样不可调，则说明调整电路处于截止状态，应重点检查取样、比较放大、基准电路。

4.4.2　场扫描电路

◆ **实训目的**

(1) 了解新元器件的作用并理解场扫描电路的工作原理。

(2) 掌握双踪示波器、双路直流稳压电源的正确使用方法。

(3) 掌握场扫描电路测试电路的组建及调试方法，并记录相关数据和绘制波形。

◆ **实训器材**

双路直流稳压电源、万用表、双踪示波器及偏转线圈。

◆ **实训内容**

1) 原理图

场扫描电路的原理图如图 4.4.4 所示。

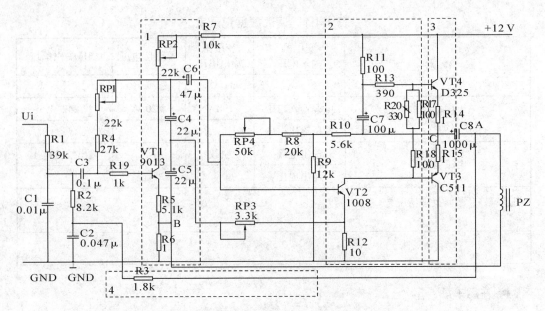

1—锯齿波形成电路；2—OTL 功放激励级；3—OTL 功放输出级；4—正反馈电路

图 4.4.4 场扫描电路的原理图

2) 线路板图

场扫描电路的线路板如图 4.4.5 所示。

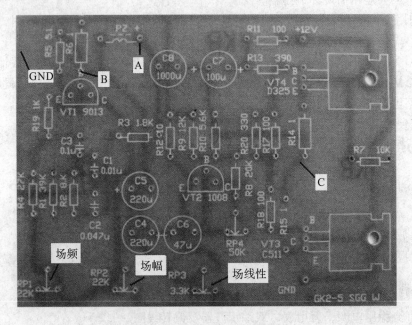

图 4.4.5 场扫描电路的线路板

3) 接线示意图

场扫描电路的测试接线示意图如图 4.4.6 所示。

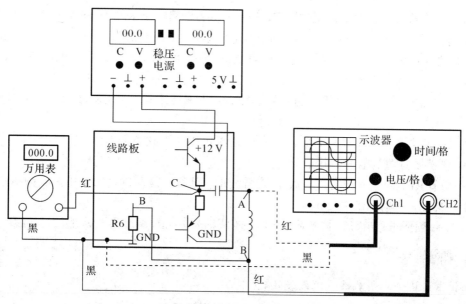

图 4.4.6　测试场扫描电路的接线示意图

4) 实训要求

(1) 测试输出中点电位，为 $(V_{cc}/2 \pm 0.2)$V，并记录。

(2) 测试 C8 负极对地输出电压波形(峰-峰值为 ±2 V 左右)和偏转线圈的电流波形(峰-峰值为 ±0.5 V 左右)，将场频、场幅及场线性调整好后的输出波形记入测试报告中(峰-峰值为 ±2 V 左右)。

(3) 测试场频调节范围，并记录。

(4) 正确使用仪器，准确读数。

◆ **调试步骤**

(1) 测试输出中点电位，为 $(V_{cc}/2 \pm 0.2)$V，并记录。

① 检查工作台上的稳压电源、示波器和偏转线圈。检查线路板是否有短路、虚焊；调节双路直流稳压电源使其输出 +12 V，加入线路板电源端；打开示波器并调节，使其工作在正常状态；用万用表 200 Ω 挡，测量偏转线圈的阻值，为 3～6 Ω。

② 连接电路。

③ 测中点电压，填入表 4.4.2 中。

打开电源，用万用表 DC 20 V 挡测 R14、R15 之间任意一个引脚对地电压；调节电位器 RP4，使万用表的读数为 (6 ± 0.2)V。

注意：RP1、RP2 的调节影响中点电压。

(2) 测试 C8 负极输出电压波形和偏转线圈电流波形，将场频、场幅及场线性调整好后的输出波形记入测试表格中。

① 测试 C8 负极输出电压波形。打开示波器，红色夹子接 PZ "+" 端引线，黑色夹子接 "–" 端引线。调节 RP1 可以改变场频，调节 RP2 可以改变场幅，调节 RP3 可以改变场线性。

调 RP1 使场频为 50 Hz(即示波器打在 5 ms/格共占四格)，调 RP2 使场幅为 ±2 V(2 V/格，5 ms/格)，然后调 RP3 使线性良好。再测中点电压是否为(6 ± 0.2)V，反复调节 RP2、RP3，直至波形线性良好，幅度满足要求并且中点电位为(6 ± 0.2)V。将所测中点电位填入表 4.4.2 中，并画出波形图(U_{P-P} = 4 V)。

② 测试偏转线圈电流波形。将示波器探头接于偏转线圈远离 C8 的一端与地之间，测出输出电流波形，画出波形图(U_{P-P} = 1 V)。

注意：当波形出现线性失真时，可以通过调节 RP3 来减小失真。

(3) 测试场频调节范围，并记录。

① 调节 RP1(向左和向右旋到底)，查看波形，计算出场频的调节范围。其频率范围一般为 45～55 Hz，即为 18～22 ms。

② 频率范围测试结束后，恢复输出电压波形周期为 20 ms，幅度为 5 V，且波形的线性良好。

◆ 调试报告

将调试过程中，所测数据填入表 4.4.2 中。

表 4.4.2　调试数据记录表

输出中点电位	V	场频调节范围	Hz
C8 负极输出电压波形和偏转线圈电流波形			
电压波形			
电流波形			
问题解答及故障处理情况：			
完成人			

◆ **注意事项**

(1) 测量过程中,注意正确记录中点电位。

(2) 在测量输出电压波形和输出电流波形时,注意示波器的正确接入。

(3) 调试过程中,应明确各电位器所起的作用,正确配合使用。

(4) 画电压、电流波形时,注意 X 轴的定位。

(5) 三极管 C511 和 D325 的参数也直接影响波形的失真。两管的放大倍数要求相差不大,尽可能相等,其值一般要大于 50。

4.4.3 三位半 A/D 转换器

◆ **实训目的**

(1) 了解新元器件的作用并理解三位半 A/D 转换器的工作原理。

(2) 掌握双踪示波器、双路直流稳压电源及多圈电位器的正确接入和使用方法。

(3) 掌握三位半 A/D 转换器测试电路的组建及调试方法,并记录相关数据和绘制波形。

◆ **实训器材**

双路直流稳压电源、万用表、多圈电位器及双踪示波器。

◆ **实训内容**

1) 原理图

三位半 A/D 转换器的原理图如图 4.4.7 所示。

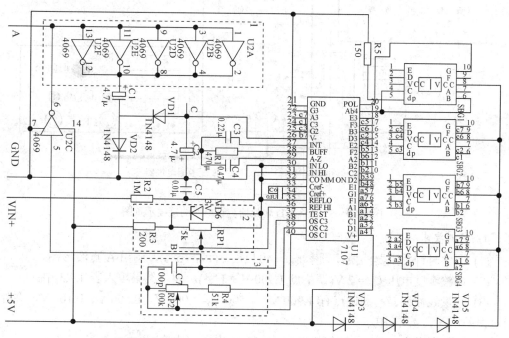

1—波形整形电路;2—参考电压取值电路;3—时钟振荡外围电路

图 4.4.7 三位半 A/D 转换器的原理图

2) 线路板图

三位半 A/D 转换器的线路板如图 4.4.8 所示。

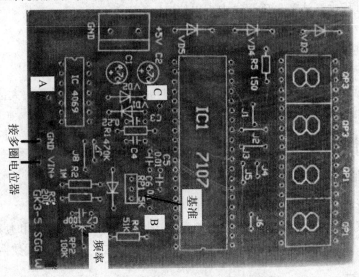

图 4.4.8　三位半 A/D 转换器的线路板

3) 接线示意图

三位半 A/D 转换器测试电路的接线示意图如图 4.4.9 所示。

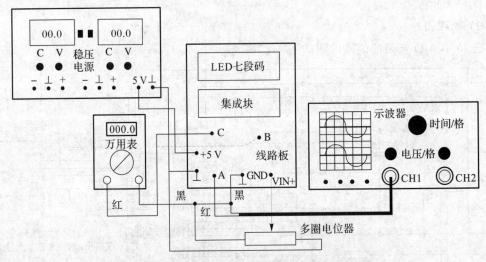

图 4.4.9　三位半 A/D 转换器测试电路的接线示意图

4) 实训要求

(1) 调整时钟发生器的振荡频率 f_{osc} = 40 kHz ± (1%～5%)，画出 A 点波形图。

(2) 调整满度电压 U_{fs} = 2 V(调整点 1.900 V ± 1 字)，调整结果填入表 4.4.3 中。

(3) 测量线性误差：测试点有 1.900 V、1.500 V、1.000 V、0.500 V、0.100 V，并计算相对误差填入表 4.4.3 中。

(4) 测量参考电压 U_{ref}，计算满度电压与参考电压的比值。

(5) 测量 C 点负电压值，填入表 4.4.3 中。

◆ **调试步骤**

(1) 调整时钟发生器的振荡频率 f_{osc} = 40 kHz ± (1%～5%)，画出 A 点波形图。

① 检查线路板是否有短路、虚焊。

② 从双路直流稳压电源输出端输出 +5 V 电压，加入线路板电源端。

③ 打开示波器，调节使其正常。

④ 连接电路，调试使数码管显示正常。打开电源，此时数码管应有数字显示。将电路板上 VIN+ 引线与 GND 引线短接，此时读数应为 "-000"，也可以将 TEST 引脚(7107 第 37 脚)与 +5 V 短接，读数应为 "1888"。若显示不正常，则检查电路焊接是否有问题。

⑤ 测试时钟频率。连接电路，用示波器测量 A 点波形，红色夹子接 A 点引线，黑色夹子接 GND，显示应为矩形波。示波器(CH1，1 V/格，5 μs/格)测 A 点波形，调节 RP2(100 kΩ)，使波形频率为 40 kHz(即 T = 25 μs，共 5 格)画入表 4.4.3 中。

(2) 调整满度电压 U_{fs} = 2 V(调整点 1.900 V ± 1 字)，调整结果填入表 4.4.3 中。

① 电路连接。调节电源电压，使其中一组电源输出为 3 V 电压，接入 50 kΩ 的多圈电位器(用于细调)。电路板上 VIN+ 端接到 50 kΩ 电位器上，注意极性。使用万用表 DC 2 V 挡，测量 50 kΩ 电位器引脚，同时调节 50 kΩ 电位器，使万用表读数为 1.900 V。观察数码管显示的数字，同时调节 RP1，使数码管的显示为 "1.900"。

② 测量满刻度电压 U_{fs}。调节 50 kΩ 电位器，使数码管显示为 "1.999"。观察万用表此时的读数，大约为 2.06 V，即为满度电压 U_{fs}，记录数值填入表 4.4.3 中。

(3) 测量线性误差：测试点有 1.900 V、1.500 V、1.000 V、0.500 V、0.100 V，并计算相对误差填入记录表中。

① 测试点 1.900 V。用万用表 DC 2000 mV 挡，调节 50 kΩ 电位器，使万用表读数为 1900 mV。把 1.900 V 电压输入给电路 VIN+ 端，记录此时数码管的示数，应该显示为 1.900，并填表。注意此时数码管的显示一定要保证为 1.900，达不到说明上步调节不准确，可以再调节电位器 RP1，直到显示 1.900 为止。

② 测试点 1.500 V。调节 50 kΩ 电位器，使万用表读数为 1500 mV。记录此时数码管的示数，应该显示为 1.500 V 左右，并填入表 4.4.3 中。

③ 测试点 1.000 V。调节 50 kΩ 电位器，使万用表读数为 1000 mV。记录此时数码管的示数，应该显示为 1000 mV 左右，并填入表 4.4.3 中。

④ 测试点 0.500 V。调节 50 kΩ 电位器，使万用表读数为 500 mV。记录此时数码管的示数，应该显示为 500 mV 左右，并填入表 4.4.3 中。

⑤ 测试点 0.100 V。调节 50 kΩ 电位器，使万用表读数为 100 mV。记录此时数码管的示数，应该显示为 100 mV 左右，并填入表 4.4.3 中。

⑥ 测试完成后，恢复万用表读数为 1.900 V，数码管显示 1.900 状态。

⑦ 相对误差的计算公式：$相对误差 = \dfrac{实测值 - 输入电压}{输入电压} \times 100\%$

(4) 测量参考电压 U_{ref}，计算满度电压和参考电压的比值。

测 B 点电压，即为参考电压 U_{ref}，大约为 1.021 V，记入表 4.4.3 中。

(5) 测量负电压，填入表 4.4.3 中。

测 C 点负电压，大约为 –3.41 V，记入表 4.4.3 中。

◆ **调试报告**

将调试过程中，所测数据填入表 4.4.3 中。

表 4.4.3　调试数据记录表

振荡频率 f_{osc}				幅值			
波　形							
0							
输入电压/V	1.900	1.500	1.000	0.500	0.100	满度 $U_{fs}=$	
实测(DMV)						1.999　V	
相对误差							
参考电压 U_{ref}			U_{fs}/U_{ref}			负电位	
问题解答及故障处理情况：							
完成人							

◆ **注意事项**

(1) 注意 +5 V 电压的接入。

(2) 调节多圈电位器时，注意力度和速度，特别是在接近极限时，应放慢速度。

4.4.4　OTL 功放

◆ **实训目的**

(1) 了解新元器件的作用并理解 OTL 功放的工作原理。

(2) 掌握双踪示波器、双路直流稳压源、信号发生器及交流毫伏表的配合使用。

(3) 掌握 OTL 功放测试电路的组建及调试方法，并记录相关数据和波形。

◆ **实训器材**

双路直流稳压电源、万用表、信号发生器、交流毫伏表及双踪示波器。

◆ **实训内容**

1）原理图

OTL 功放电路的原理图如图 4.4.10 所示。

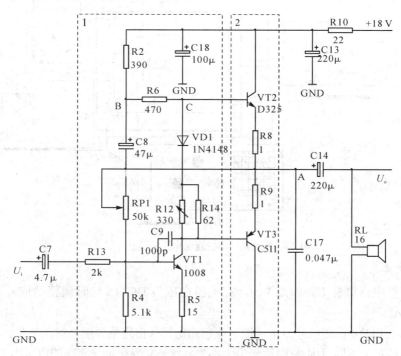

1—激励电路；2—功放推挽输出电路

图 4.4.10　功放电路的原理图

2）线路板图

OTL 功放电路的线路板如图 4.4.11 所示。

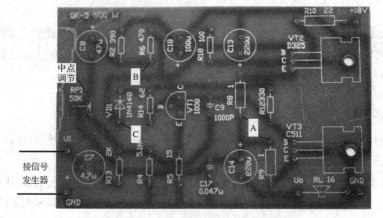

图 4.4.11　OTL 功放电路的线路板

3）接线示意图

OTL 功放测试电路的接线示意图如图 4.4.12 所示。

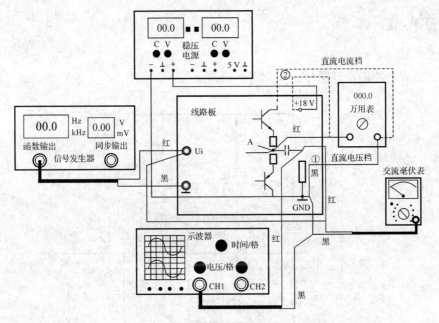

图 4.4.12   OTL 功放测试电路的接线示意图

4) 实训要求

(1) 调整中点电位 $U_A = 1/2\ Vcc$，在电源电压为 DC 18 V 时调整功放管静态工作电流 $I \leqslant 25$ mA。

(2) 输入 1 kHz 音频信号，用示波器观察输出信号出现临界削波时的波形，并通过调节使输出信号波形上下同时削波(即达到最大不失真状态)，测量负载两端的电压为 $U_o \geqslant 4$ Vrms，记录实测电压值，并记录最大不失真输出功率($R_L = 15\ \Omega$)。

(3) 将信号发生器电源关掉，测中点电位，并记录实测值；调整功放管静态工作电流，并记录工作电流实测值。

(4) 调整输入信号电压，使输出电压 $U_o = 4$ Vrms，测放大器输入信号电压值，计算电压放大倍数。

(5) 以频率为 1 kHz、$U_o = 2$ Vrms 为条件，输入信号电压不变，此时监测输入电压，然后在输入信号电压不变情况下，将频率分别调整为 20 Hz、100 Hz、200 Hz、1 kHz 和 5 kHz，测输出电压 U_o 值，并画出频响曲线。

◆ 调试步骤

(1) 调整中点电压 $U_A = 1/2Vcc$，实测值填入表 4.4.3 中；在电源电压为 DC 18 V 时，调整功放管静态工作电流 $I \leqslant 25$ mA，并记录实测电流值。

① 检测工作台上的稳压电源、示波器和信号发生器。使用万用表 DC 20 V 挡测稳压电源其中一组电源，调节输出 18 V 电压，接入 OTL 电路板，+18 V 端用红色导线，测电源电压，应为 18.00 V，填入表 4.4.4 中。

② 连接电路。

③ 测量中点电压 U_A。使用万用表 DC 20 V 挡，测量电阻 R8 和 R9 之间任意一引脚对地

(GND 或 C511 的散热片)的电压。同时调节电位器 RP1，使万用表读数为 9.00 V，即中点电压 U_A，填入表 4.4.4 中。

④ 测量静态工作电流。使用万用表 DC 200 mA 挡，红表笔接电源的正极，黑表笔接电路板 "+18 V" 导线，即把万用表串入电路中。记录电流的大小，大约十几毫安，注意电流 $I \leqslant 25$ mA，填入表 4.4.4 中。

(2) 输入 1 kHz 音频信号，用示波器观察输出信号出现临界削波时波形，测量负载两端的电压应为 $U_o \geqslant 4$ Vrms，记录实测电压值，并记录最大不失真输出功率(负载为 16 Ω)。

① 调整信号发生器，使其输出 1 kHz 的音频信号。

注意：先把幅度旋钮调到最小，使用时再增大，适当使用衰减。

② 调整示波器和交流毫伏表，使其工作正常，接入负载为 16 Ω 的扬声器。

③ 连接电路。

注意：信号线用红色，接 GND 线用黑色。

④ 观察信号临界削波波形。打开稳压电源，为 OTL 提供 18 V 电压。慢慢旋转信号发生器的幅度旋钮，可以听到喇叭有声音发出，观察示波器上 OTL 输出波形(即喇叭上音频信号波形)，应为正弦波。随着幅度的不断增大(调节信号发生器)，喇叭声音愈来愈大。当波形出现临界失真(波形将要失真，还没有失真)时，即临界削波，为波形的最大输出状态。

注意：功放管 D325 和 C511 不对称(放大倍数相差太大)可引起半波失真，输出达不到 4 V。

⑤ 测量负载两端电压 U_o。使用交流毫伏表 10 V 挡，测负载两端电压，红色夹子接信号输出 U_o 端，黑色夹子接 GND(与示波器相同)。此时读数即为最大不失真电压 U_o，大约为 4.2 V，计算最大输出功率 $P_o = U_o^2/R_L$，填入表 4.4.4 中。

(3) 调整输入信号，使输出电压 $U_o = 4$ Vrms，测放大器输入信号电压值，计算电压放大倍数。

接上步，电路连接不变，保持 1 kHz 不变。调节信号发生器的幅度旋钮(回旋减小)，使交流毫伏表读数为 4 V，取下交流毫伏表测试夹子，其他不变。用交流毫伏表 1 V(或 3 V)挡，测量此时信号发生器输出信号(即电路板输入信号)的幅度，此步骤结束后，要把交流毫伏表挡位换到 10 V 挡，重新接到喇叭两端。此时，交流毫伏表的读数即为 OTL 输入信号的电压值 U_i，大约为 0.36 V，计算电压放大倍数 $A = U_o/U_i = 4/U_i$，填入表 4.4.4 中。

(4) 以频率为 1 kHz、$U_o = 2$ Vrms 为条件，输入信号电压保持不变，此时监测输入电压，然后改变频率分别为 20 Hz、100 Hz、200 Hz、1 kHz、5 kHz，测输出电压 U_o 值，并画出频响曲线。

① 测量输出电压，使其为 $U_o = 2$ V。用交流毫伏表 3 V 挡，测量 OTL 输出 U_o 端，同时调节信号发生器幅度旋钮，使交流毫伏表读数为 2 V，此时信号频率为 1 kHz。

② 改变频率，测量频响特性。保持 $U_o = 2$ V 不变，取下示波器夹子，其余连接不变，调节信号发生器频率旋钮，使频率为 20 Hz，换 1 V 挡观察此时交流毫伏表读数，大约为 0.8 V，记录数据填入表 4.4.4 中。

同样，调节信号发生器，使频率分别为 100 Hz、200 Hz、1 kHz、5 kHz，可以得到对应的输出电压 U_o 值，填入表 4.4.4 中。随着频率的改变，喇叭的声音发生相应的变化。

注意：交流毫伏表量程的选择，指针满 2/3 刻度时读数误差最小。

③ 采用描点法绘制频响曲线。

◆ 调试报告

将调试过程中，所测数据填入表 4.4.4 中。

表 4.4.4　调试数据记录表

工作点测试	电源电压	Vcc = 　　V	中点电压	U_A = 　　V	静态电流	I = 　　mA
输出调试	输出电压	U_o = 　　V	信号频率	f = 　　Hz	最大输出功　率	P_o = 　　W
放大器输入	输入电压	U_i = 　　V	信号频率	f = 　　Hz	电压放大	A =
频响应率	信号频率	20 Hz	100 Hz	200 Hz	1000 Hz	5000 Hz
	输出电压					

画频响特性：

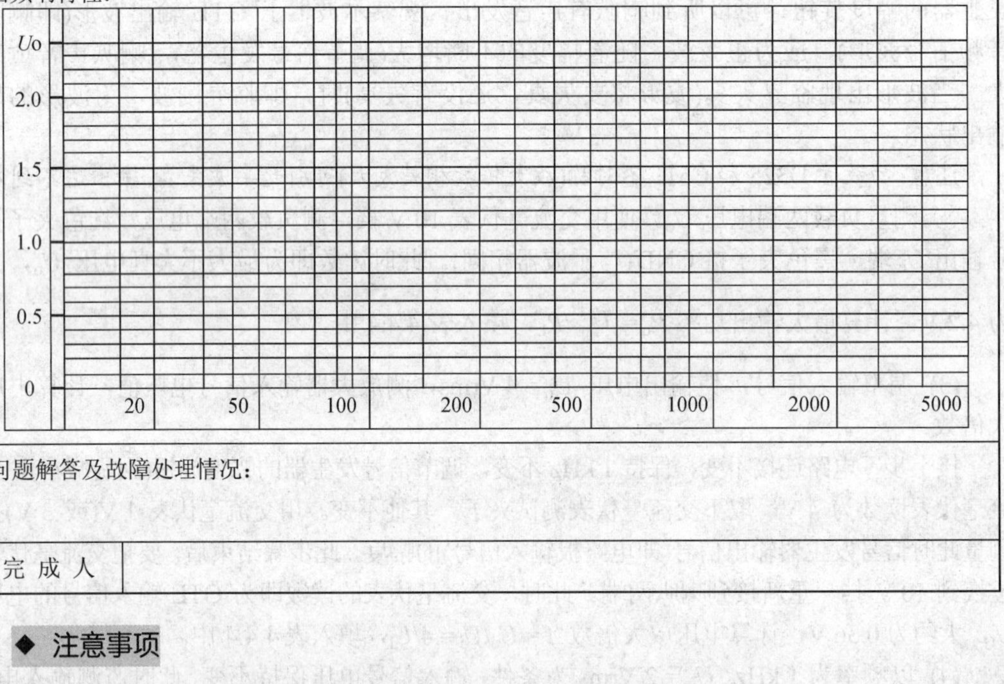

问题解答及故障处理情况：

| 完 成 人 | |

◆ 注意事项

(1) 注意测量静态中点电压及静态电流时，输入端信号为零。

(2) 调节最大不失真输出时，应在波形上、下一侧出现失真时，不再增加输入，调节 RP1 使上、下不失真后，再增大输入信号，然后重复调节，直至看到上、下同时失真时为最大不失真输出。

4.4.5　PWM 脉宽调制器

◆ 实训目的

(1) 了解新元器件的作用并理解 PWM 脉宽调制器的工作原理。

(2) 掌握双踪示波器、双路直流稳压电源的正确使用方法。

(3) 掌握 PWM 脉宽调制器测试电路的组建及调试方法，并记录相关数据和波形。

◆ **实训器材**

双路直流稳压电源、万用表及双踪示波器。

◆ **实训内容**

1) 原理图

PWM 脉宽调制器的原理图如图 4.4.13 所示。

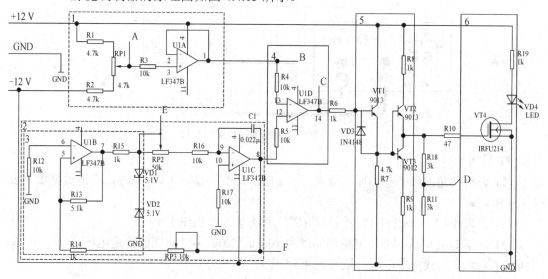

1—可变比较电压输出；2—三角波形成电路；3—滞回比较电路；

4—开环运放比较电路；5—推挽输出电路；6—负载驱动电路

图 4.4.13　PWM 脉宽调制器的原理图

2) 线路板图

PWM 脉宽调制器的线路板如图 4.4.14 所示。

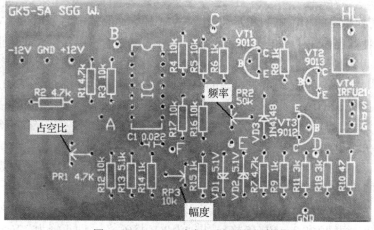

图 4.4.14　PWM 脉宽调制器的线路板

3) 接线示意图

PWM 脉宽调制器测试电路的接线示意图如图 4.4.15 所示。

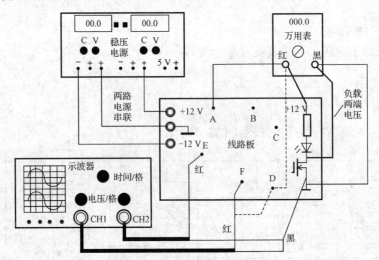

图 4.4.15　PWM 脉宽调制器测试电路的接线示意图

4) 实训要求

(1) 调整三角波频率和幅度，要求 $f_0 = 1\,\text{kHz} \pm 5\%$、$U_P = 3\,\text{V} \pm 10\%$，实测数据填入表 4.4.5 中。

(2) 在表 4.4.5 中画出三角波波形图(F 点)和方波波形图(E 点)。

(3) 观察 D 点的调制波，记录调制度为 100%、50%、0% 对应的给定电压值(A 点)、输出电压(D 点)和负载两端电压，填入表 4.4.5 中。

(4) 画出调制度为 50% 时 D 点的调制波波形图。

(5) 测量给定电压(A 点)范围和频率可调范围，填入表 4.4.5 中。

◆ 调试步骤

(1) 调整三角波频率和幅度，要求 $f_0 = 1\,\text{kHz} \pm 5\%$、$U_P = 3\,\text{V} \pm 10\%$，实测数据填入记录表中。

① 检测工作台上的稳压电源和示波器。PWM 脉宽调制器电路采用 ±12 V 电源，首先调节稳压电源使其工作在主从电源跟踪状态，此时从电源的输出保持和主电源一致，只要调节主电源即可。使用万用表 DC 20 V 挡，测量稳压电源主电源一侧的接线柱(红色为"+"，黑色为"–")，同时调节主电源的电压调节旋钮，使万用表读数为 12.00 V，此时从电源的输出也是 12.00 V。此前稳压电源的电流旋钮顺时针旋到底，若电源打开后有警示声则说明电压为零，调节电压即可消除叫声。打开示波器，调节使其工作正常，注意各个旋钮的位置。关上电源，连接线路。

② 调整三角波的频率和幅度。打开电源，此时电珠应该点亮，用示波器观察 F 点的波形。先调节 RP3，使三角波的幅度为 $U_p = 3\,\text{V} \pm 10\%$，注意其频率也同时变化；再调节 RP2，使三角波的频率为 $f_0 = 1\,\text{kHz} \pm 5\%$。F 点的波形为三角波，此时波形频率应为 1 kHz，周期为 1 ms。记录坐标：横轴为 0.2 ms/格(5 格)，纵轴为 1 V/格(6 格)，即正峰为 3 V，负峰为 –3 V，

填入记录表中。

(2) 记录三角波波形图(F 点)和方波波形图(E 点)。

① 接上步，画出三角波波形，注意和示波器显示的波形相一致。

② 画出方波波形。连接电路，用示波器观察 E 点的波形。观察波形，此时波形频率和三角波的相同，为 1 kHz，周期为 1 ms。记录坐标：横轴为 0.2 ms/格(5 格)，纵轴为 2V/格(6 格)，其峰峰值为 12 V。

注意：三角波波形图和方波波形图要用同一坐标单位。

(3) 观察 D 点调制波，记录调制度为 100%、50%、0%对应的给定电压值(A 点)、输出电压(D 点)和负载两端电压，填入表 4.4.5 中。

① 连接电路，用示波器观察 D 点的波形。D 点的波形随着调制度的改变而改变，同时可以看到负载电珠的明暗变化。

② 调制度为 100%时，电路连接保持不变，调节电位器 RP1，同时观察示波器所显示 D 点脉冲波形的变化，当波形刚刚变为一条直线(全为高电平)时，即为调制度 100%时，此刻灯泡最亮。使用万用表 DC 20 V 挡，分别测量 A 点、D 点和负载电珠上的电压，记录并填表。此时 A 点电压大约为 4.02 V，D 点电压大约为 5.01 V，负载电珠上电压大约为 11.83 V。注意，此时的 RP1 并没有旋到底。

③ 调制度为 50%时，电路连接保持不变，调节电位器 RP1，同时观察 D 点脉冲波形的变化，当波形占空比相等时，即为调制度 50%时，此刻灯泡变暗。占空比是高电平(正脉冲)所占周期时间与整个周期时间的比值。使用万用表 DC 20 V 挡，测量 A 点的电压，大约为 –0.22 V，记录并填表，测量方法同前；使用万用表 AC 20 V 挡，测量 D 点的电压，大约为 5.51 V，记录并填表，注意是用交流电压挡；使用万用表 DC 20 V 挡，测量负载电珠上的电压，大约为 6.05 V，记录并填表。

④ 调制度为 0%时，电路连接保持不变，调节电位器 RP1，同时观察示波器上 D 点脉冲波形的变化，当波形刚刚变为一条直线(全为低电平)时，即为调制度 0%时，此刻灯泡熄灭。使用万用表 DC 20 V 挡，分别测量 A 点、D 点和负载电珠上的电压，记录并填表，测量方法同前。此时 A 点电压大约为 –4.12 V，D 点电压大约为 –5.14 V，负载电珠上电压大约为 0 V。

(4) 画出调制度为 50%时 D 点的调制波波形图。

① 电路连接保持不变，重复前面第 3 步，调出调制度为 50%时的 D 点波形。

② 此时波形频率为 1 kHz，周期为 1 ms。

③ 记录坐标：横轴为 0.2 ms/格(5 格)，纵轴为 2 V/格(5 格)，其峰峰值为 10 V。画图时采用纵轴为 1 V/格(10 格)坐标。

(5) 测量给定电压(A 点)范围和频率可调范围，记录数据。

① 测量给定电压范围，连接电路。使用万用表 DC 20 V 挡，测量 A 点的电压。调节 RP1，使其阻值从最小到最大变化，记录 A 点相对应的电压最小值和最大值，即给定电压范围。其值为 –4.5～+4.5 V，填入表 4.4.5 中。

② 测量三角波频率范围，连接电路。用示波器观察 F 点的三角波波形。调节 RP2，使其阻值从最小到最大变化，观察波形的变化，记录其周期的最小值和最大值，换算成频率($f = 1/T$)，即三角波的频率范围。其周期在(1～6.5)格 × 0.2 ms = 0.2～1.3 ms，即其频率范围在 769 Hz～5000 Hz，填入表 4.4.5 中。

③ 调试结束后，把三角波恢复到 $f_0 = 1\text{ kHz} \pm 5\%$，$U_P = 3\text{ V} \pm 10\%$ 的状态。

◆ 调试报告

将在调试过程中所测数据填入表 4.4.5 中。

表 4.4.5　调试数据记录表

三角波频率		Hz	三角波电压幅值		正　峰	V	负　峰	V
三角波波形图，方波波形图					调制度	100%	50%	0%
0					给定电压 (A 点)			
					输出电压 (D 点)			
D 点调制度为 50% 调制波波形图					负载两端 电压			
0					给定电压(A 点) 范围			
					三角波 频率范围			
问题解答及故障处理情况：								
完 成 人								

◆ **注意事项**

(1) 调试过程中，注意电源输出端不要短路。

(2) 刚通电时，波形不易察觉，需调节 RP3 后才能在示波器上观察到波形，先保证幅度，再保证频率。画图时，注意基准线的选定。

4.4.6　数字频率计

◆ **实训目的**

(1) 了解新元器件的作用并理解数字频率计的工作原理。

(2) 掌握双踪示波器、信号发生器及双路直流稳压电源的正确使用方法。

(3) 掌握数字频率计测试电路的组建及调试方法，并记录相关数据和波形。

◆ **实训器材**

双路直流稳压电源、万用表、信号发生器及双踪示波器。

◆ **实训内容**

1) 原理图

数字频率计的原理图如图 4.4.16 所示。

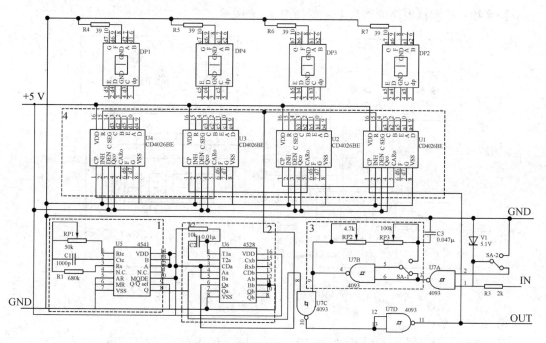

1—1 s 产生电路；2—单稳态复位电路；3—内部振荡电路；4—计数电路

图 4.4.16　数字频率计的原理图

2) 线路板图

数字频率计的线路板如图 4.4.17 所示。

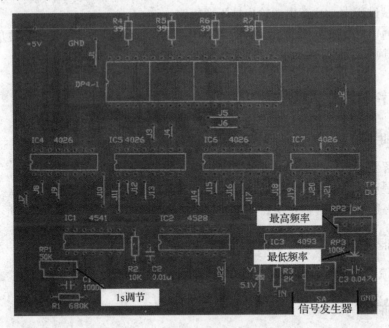

图 4.4.17　数字频率计的线路图

3) 接线示意图

数字频率计测试电路的接线示意图如图 4.4.8 所示。

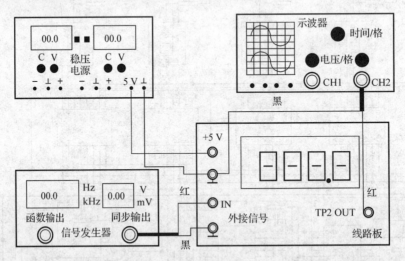

图 4.4.18　数字频率计测试电路的接线示意图

4) 实训要求

(1) 调整闸门时间为 1 s(校正信号 1024 Hz, U_P =5 V)。

(2) 检查频率测量误差(检查频率 4000 Hz,实际读数值填入表 4.4.6 中,并计算相对误差)。

(3) 调整振荡器，使最高频率为 6 kHz ± 1 个字，并测量频率覆盖记入表 4.4.6 中。

(4) 画出最低振荡频率的实测波形图。

◆ 调试步骤

(1) 调整闸门时间为 1 s(校正信号 1024 Hz，$U_P = 5$ V)。

① 检查线路板，是否有短路、虚焊。

② 检查工作台上的稳压电源、信号发生器和示波器。数字频率计电路采用 +5 V 电压，直接使用稳压电源 5 V 输出即可。用万用表 DC 挡，测量稳压电源 5 V 输出一侧的接线柱，万用表读数应该为(5.00 ± 0.01)V。打开示波器，调节使其正常工作，注意各个旋钮的位置。打开函数信号发生器，调节信号发生器使其输出频率为 1024 Hz，幅度为 5 V 的信号(用万用表测量信号发生器的幅度)。关掉电源，准备接线。

③ 调整闸门时间。打开电源，数码管显示数字。当轻触自锁开关 SA 弹起处于"外接"，在输入端(IN)接入信号发生器，输出 1024 Hz，$U_P = 5$ V 的信号，调节 RP1 使数码管显示为"1024"(±1 字误差)即闸门时间等于 1 s，记入表 4.4.6 中。

注意：RP1 的调节要小心，容易损坏。

(2) 检查频率测量误差(检查频率 4000 Hz，实际读数值填入表 4.4.6 中，并计算相对误差)。

① 电路保持不变，调节信号发生器使信号的频率为 4000 Hz，幅度不变。

② 记录数码管显示的读数，大约为 3998 Hz，填入表 4.4.6 中。

③ 计算相对误差：　$相对误差 = \dfrac{测量值 - 实际值}{实际值} \times 100\%$

(3) 调整振荡器，使最高频率为 6 kHz ± 1 个字，并测量频率范围记入表 4.4.6 中。

① 轻触自锁开关 SA 按下(内接)，不接信号发生器。

② 频率范围测调。先调节 RP3 阻值为零(顺时针旋转到底)，再调节 RP2，同时观察数码管的读数，使读数尽量接近 6 kHz ± 1 个字，此时的频率即最高频率。RP2 的调节应小心进行，以免损坏，记录数据。最后将 RP3 的阻值调到最大值(逆时针旋转到底)，RP2 不用再调节，记录此时数码管显示的读数，即为最低频率。其频率为 390～6000 Hz。

(4) 画出最低振荡频率的实测波形图。

① 用示波器(2 V/格，1 ms/格)观测 TP2(OUT)点的波形，即最低频率时信号的波形，画出波形(幅值为 5 V、周期为 2.5 ms)。

注意：调节好的电位器不用再调节，确定 RP3 为最大值。

② 画出波形后计算最低频率是否与测得的最低频率相符合，并计算允许误差。

◆ 调试报告

将调试过程中，所测数据填入表 4.4.6 中。

表 4.4.6　数据记录表

闸门时间 1 s	基准频率 1024 Hz		实测频率值	Hz	
频率测量误差	被测频率 4000 Hz		实测频率　Hz	相对误差	%
内接振荡频率覆盖	最高频率调整 6000 Hz ± 1 个字		最低频率	Hz	
画最低频率电压时间波形图	周期　ms		电压幅值	V	

波形图：

问题解答及故障处理情况：

完　成　人	

◆ **注意事项**

(1) 调试过程中，先外接信号发生器，再内接振荡器。外接：4093 管脚 5、6 通；内接：4093 管脚 5、6 不通。

(2) 画波形时，注意基准线的选定和单位的书写。

(3) 调节最高频率 6000 Hz 时，一定要准确(作为基准)。

(4) 当所有的调试工作完成以后，先切断总电源，再整理调试工作台，仪器仪表归位，工具整理，卫生清洁。

4.4.7　交流电压平均值转换器

1. 实训目的

(1) 了解新元器件的作用并理解交流电压平均值转换器的工作原理。

(2) 掌握双踪示波器、双路直流稳压电源、交流毫伏表及信号发生器的配合使用。

(3) 掌握交流电压平均值转换器测试电路的组建及调试方法，并记录相关数据和波形。

◆ **实训器材**

双路直流稳压电源、信号发生器、万用表、交流毫伏表及双踪示波器。

◆ **实训内容**

1) 原理图

交流电压平均值转换器的原理图如图 4.4.19 所示。

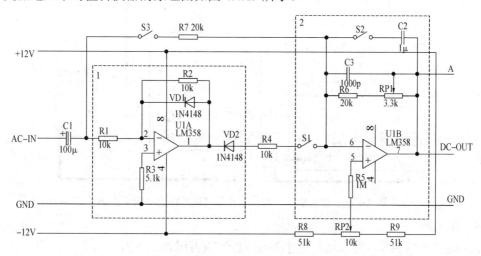

1—半波整流电路；2—交流平均值电路

图 4.4.19　交流电压平均值转换器的原理图

2) 线路板图

交流电压平均值转换器的线路板如图 4.4.20 所示。

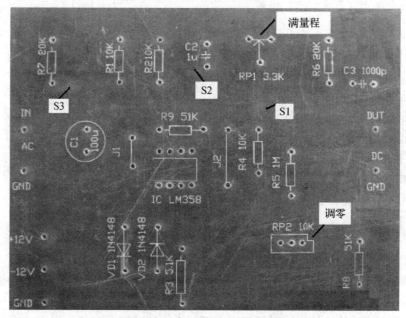

图 4.4.20　交流电压平均值转换器的线路板

3) 接线示意图

交流电压平均值转换器测试电路的接线示意图如图 4.4.21 所示。

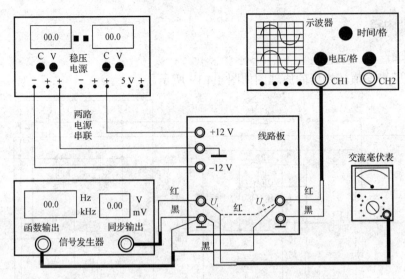

图 4.4.21 交流电压平均值转换器测试电路的接线示意图

4) 实训要求

(1) 输出电压调零,要求误差小于等于 ±1 个字(万用表 2 V 挡)。

(2) 调整满量程电压,在 2 V 挡测输入 1 Vrms、100 Hz 信号,要求调到 1.000 Vrms±1 个字,测量结果填入表 4.4.7 中。

(3) 测量整流特性:用 2 V 挡测输入 1 Vrms、频率分别为 20 Hz 和 5 kHz 的电压值并计算示值误差,输入 100 Hz,20 mVrms、200 mVrms、0.5 Vrms、1 Vrms,将测量值及相对示值误差填入表 4.4.7 中。

(4) 测量交流波形(输入 100 Hz、1 Vrms)。

① 断开 R7 和 C2,测 A 点的输出波形,画出波形图。

② 接上 R7 再断开 R4、C2,测出 A 点电压波形,画出波形图。

③ 接上 R7 和 R4,断开 C2,测出 A 点电压波形,画出波形图。

④ 接上 C2,再测 A 点电压波形,并画出波形图。

(5) 仪器使用方法正确,读数正确。

(6) 问题解答:

① 全波整流电路的原理及元件的作用是什么?

② 常用的交流数字电压表是平均值响应,有效值读数有何优点?

◆ 调试步骤

(1) 输出电压调零,要求误差小于等于 ±1 个字(万用表 2 V 挡)。

① 检测工作台上的稳压电源、信号发生器和示波器。交流电压平均值转换器电路采用 ±12 V 电压,首先调节稳压电源使其工作在主从电源跟踪状态。用万用表 DC 20 V 挡,测量稳压电源主电源的接线柱,同时调节主电源的电压调节旋钮,使万用表读数为 12.00 V,此时从电源的输出也是 12.00 V。打开示波器,调节使其工作正常,注意各个旋钮的位置。打开信号发生器,用示波器检查其工作状态,注意各个旋钮的位置。关上电源,连接线路。

② 连接电路。将交流信号输入端(IN)的两根线短接。断点 S1、S2、S3 的两根线两两连接。

③ 调零。打开电源，使用万用表 DC 200 mV 挡，测量输出端(OUT)的电压。调节电位器 RP2，使万用表读数为 0.00 ± 1 个字。注意 RP2 易于损坏，调节时应小心，注意观察万用表的读数。调好后记录填表。

(2) 调整满量程电压，在 2 V 挡测输入 1 Vrms、100 Hz 信号，要求调到 1.000 Vrms ± 1 个字，测量结果填入表 4.4.7 中。

① 连接电路，输入端(IN)接信号发生器，其余不变。

② 调节满量程电压。调节信号发生器，使其输出幅度为 1 Vrms(平均值)、频率为 100 Hz 的信号，接入电路的输入端(IN)。可以使用交流毫伏表 3 V 挡(或万用表 AC 2 V 挡)，测量信号发生器的输出信号幅度 1 Vrms。使用万用表 DC 2000 mV 挡，测量电路的输出端(OUT)，调节电位器 RP1，使万用表的读数为 1.000 V ± 1(1000 mV)个字。结果填入表 4.4.7 中。

(3) 测量整流特性：在 2 V 挡测输入 1 Vrms、频率分别为 20 Hz 和 5 kHz 的电压值并计算示值误差，输入 100 Hz，20 mVrms、200 mVrms、0.5 Vrms、1 Vrms，将测量值及相对示值误差填入表 4.4.7 中。

① 线性测量，输入为 100 Hz，20 mV、200 mV、0.5 V 的信号。电路连接保持不变，调节信号发生器使其输出 100 Hz、0.5 V(用交流毫伏表 1 V 挡测量)的信号，使用万用表 DC 2000 mV 挡，测量电路的输出电压，大约为 0.5 V(500 mV)，记录填表。同样的方法，调节信号发生器使其输出 100 Hz、200 mV(用交流毫伏表 300 mV 挡测量)的信号，使用万用表 DC 2000 mV 挡，测量电路的输出电压，大约为 200 mV，记录读数填表。同样的方法，调节信号发生器使其输出 100 Hz、20 mV(用交流毫伏表 30 mV 挡测量)的信号，使用万用表 DC 200 mV 挡，测量电路的输出电压，大约为 20 mV，记录读数填表。相对误差计算公式：

$$相对误差 = \frac{测量值 - 实际值}{实际值} \times 100\%。$$

② 频响测量，输入为 1 V，20 Hz 和 5 kHz 的信号。电路连接不变，调节信号发生器使其输出 1 V(用交流毫伏表 3 V 挡测量)、20 Hz 的信号，使用万用表 DC 2000 mV 挡，测量电路的输出电压，大约为 1.010 V(1010 mV)，记录数据。调节信号发生器使其输出 1 V(用交流毫伏表 3 V 挡测量)、5 kHz 的信号，使用万用表 DC 2000 mV 挡，测量电路的输出电压，大约

为 1.060 V(1060 mV)，记录数据。计算示值误差：$示值误差 = \dfrac{测量值 - 实际值}{测量值} \times 100\%。$

(4) 测量交流波形(输入 100 Hz、1 Vrms)。

① A 点的波形即输出端(OUT)的波形。

② 调节信号发生器，使其输出 100 Hz、1 V(用交流毫伏表 3 V 挡测量)的信号，用示波器观测 A 点(输出端 OUT)波形。

断开 R7 和 C2(断点 S1 和 S2 断开，S3 连接)，测出 A 点的波形，画出波形图。此时波形的频率是 100 Hz，周期是 10 ms，波形的峰峰值为 2.8 V。记录坐标：横轴为 2 ms/格(5 格)，纵轴为 1 V/格(2.8 格)。

接上 R7(断点 S1 连接)再断开 R4、C2(断点 S2 和 S3 断开)，测出 A 点的波形，画出波形图。此时波形的频率是 100 Hz，周期是 10 ms，其峰峰值也是 2.8 V。记录坐标：横轴为 2 ms/格(5 格)，纵轴为 1 V/格(2.8 格)。

接上 R7 和 R4(断点 S1 和 S3 连接)，断开 C2(断点 S2 断开)，测出 A 点的波形，画出波形图。

此时波形的频率是 100 Hz，周期是 10 ms，其峰峰值为 2.8 V。记录坐标：横轴为 2 ms/格(5 格)，纵轴为 1 V/格(2.8 格)。

接上 C2(断点 S1、S2、S3 全连接)，再测出 A 点的波形，画出波形图。实际的波形并不是一条水平直线，有一定的波动，近似为一条线。

◆ **调试报告**

将调试过程中，测得的数据填入表 4.4.7 中

表 4.4.7　数据记录表

输入电压	20 mVrms	200 mVrms	0.5 Vrms	1 Vrms	0 V
读　　数					
相对误差					
测量频带两端的示值误差	输入频率	示值误差		输入频率	示值误差
	20 Hz	%		5 kHz	%

整流波形图：

1	
2	
3	
4	

问题解答及故障处理情况：

完 成 人	

◆ **注意事项**

(1) 原理图中开关在调试中一定要可靠的断开或连接。

(2) 调零或调满量程时一定要精确。

(3) 毫伏表在使用的过程中，一定要注意先换挡，再连线，然后打开电源。期间换连接点时，直接移红线或先撤红线，再撤黑线；连接时，先接黑线，再接红线。

(4) 示波器应选择合适的挡位，特别是 R4、R7、C2 全接上时测 A 点波形，应选择在 DC 通道。

4.4.8　可编程控制器

1. 实训目的

(1) 了解新元器件的作用并理解可编程控制器的工作原理。

(2) 掌握双踪示波器、双路直流稳压电源的正确使用方法。

(3) 掌握可编程控制器测试电路的组建及调试方法，并记录相关数据和波形。

◆ **实训器材**

双路直流稳压电源、万用表及双踪示波器。

◆ **实训内容**

1) 原理图

可编程控制器的原理图如图 4.4.22 所示。

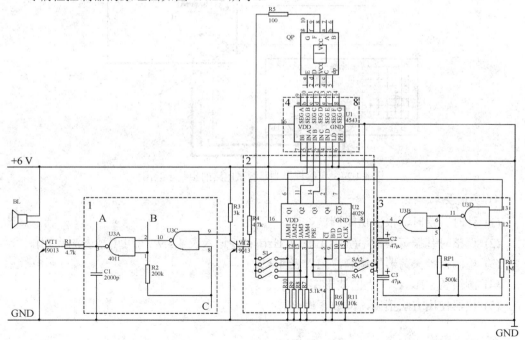

1—音频振荡电路；2—置数/计数电路；3—时钟振荡电路；4—计数译码器

图 4.4.22　可编程控制器的原理图

2) 线路板图

可编程控制器的线路板如图 4.4.23 所示。

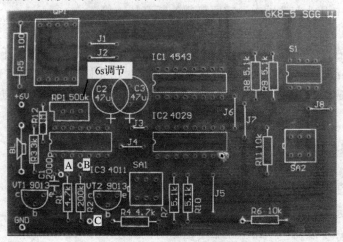

图 4.4.23　可编程控制器的线路板

3) 接线示意图

可编程控制器测试电路的接线示意图如图 4.4.24 所示。

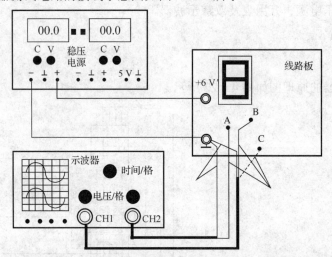

图 4.4.24　可编程控制器测试电路的接线示意图

4) 实训要求

(1) 计时、定时、报警功能调试。

(2) 调整时基振荡器频率(周期)为 1/6 Hz(6 s)，记入表 4.4.9 中(可用秒表测周期)。

(3) 检测报警振荡器的频率，记入表 4.4.9 中。

(4) 测绘 A、B、C 三点的波形图。

(5) 仪器使用方法正确，读数正确。

◆ 调试步骤

(1) 计时、定时、报警功能调试。

① 检测工作台上的稳压电源、示波器。本电路采用 6 V 电压，使用万用表 DC 20 V 挡测量稳压电源主电源一侧的接线柱(红为"+"，黑为"–")，同时调节主电源的电压调节旋钮，使万用表读数为 6.00 V。打开示波器，调节使其工作正常，注意各个旋钮的位置。关上电源，连接线路。

② 计数(0～9 计数)、置数(0～9)和报警功能检查。

打开电源，数码管点亮。SA1 弹起(断开)计数，SA1 按下(接通)置数；SA2 弹起(断开)减计数，SA2 按下(接通)加计数；S1 为四位 8421BCD 码置数拨码开关，往上拨置"1"，往下拨置"0"。可编程控制器电路能置换"0～9"十个数字，对应的 8421BCD 码如表 4.4.8 所示。

③ 调试方法。由于计数频率的不同，数码管的变化有快和慢，测试需要耐心。计数功能检查：加法 0～9 计数，SA2 按下，SA1 弹起，可以看到数码管 0～9 变化计数；减法 9～0 计数，SA2 弹起，SA1 弹起，可以看到数码管 9～0 变化计数。置数功能检查：拨动拨码开关(例如置数 5，拨码为 0101，即开关上的"2"和"4"往上拨)，按下 SA1，数码管显示所置数字。报警功能检查：当减法计数到 0 时，计数结束，喇叭报警，或加法计数到 9 时，计数结束喇叭报警。功能检查结束，填入表 4.4.9 中，功能正常填写正常，不正常检查电路故障。不要随意地去调节电位器 RP1，容易损坏。

表 4.4.8 四位 8421BCD 码

0	0000
1	0001
2	0010
3	0011
4	0100
5	0101
6	0110
7	0111
8	1000
9	1001

(2) 调整时基振荡频率(周期)为 1/6 Hz(6 s)，记入表 4.4.9 中(可以用秒表测周期)。

① 使电路处于计数状态，观察数码管变化的频率。

② 用秒表(时钟)记录数码管每个数字跳变的时间，例如从"2"跳变到"3"的时间。

③ 调节电位器 RP1，使数字跳变的间隔为 6 s。RP1 顺时针调节频率变慢，时间变长；RP1 逆时针调节频率变快，时间变短。

注意：调节 RP1 时应小心，容易损坏，每次旋转应小于 5 圈，用秒表计时后再旋转，不能一次旋到底。

④ 调节好频率后检查 1～9 计数时间，应该为 48 s，填入表 4.4.9 中。

(3) 测绘 A、B、C 三点的波形图。

① 观测 A 点的波形。只有在报警状态下才有 A、B、C 三点的波形，首先使电路工作在报警状态，喇叭报警。连接电路，示波器红色夹子接 A 点，黑色夹子接 GND(R6 的左端)，可以看到 A 点的波形，此时波形的频率大约为 1.82 kHz，周期为 0.55 ms 左右。

记录坐标：横轴为 0.1 ms/格(5.5 格)，纵轴为 2 V/格(3 格)，其峰峰值大约为 6 V。画图记录 A 点的波形，注意坐标保持和示波器上显示的波形一致。

② 观测 B 点的波形。连接电路，可以看到 B 点的波形正好和 A 点的波形相位相反，此时波形频率和幅度都不变，而且都是矩形波。记录坐标：横轴为 0.1 ms/格(5.5 格)，纵轴为 2 V/格(3 格)。

③ 观测 C 点的波形。连接电路，可以看到 C 点的波形为锯齿波，此时波形频率和幅

度与 A 点、B 点相同。记录坐标：横轴为 0.1 ms/格(5.5 格)，纵轴为 2 V/格(3 格)。

A、B、C 三点的波形频率和幅度相同，画图时使用统一坐标，注意 B 点的波形相位和 A、C 点波形相位相反。

(4) 检测报警振荡器的频率，记入表 4.4.9 中。

① 上步中测量的 A、B、C 三点的波形频率就是报警振荡器的频率。

② 选择任一波形，根据其周期计算其频率($f = 1/T$)。

③ 报警振荡器频率大约为 1.8 kHz，记录填表。

◆ 调试报告

将调试过程中，所测数据填入表 4.4.9 中。

表 4.4.9　数据记录表

项　　目	计时：0.1～0.9 min	定时预置 0.1～0.9 min		报警
功　能　检　查				
时基振荡频率 (周期)	Hz　　　　s	报警振荡频率		kHz
RC 振荡器波形图： A 点 B 点 C 点				
问题解答及故障处理情况：				
完　　成　　人				

◆ 注意事项

(1) 调试中注意 SA1、SA2 的工作状态，验证线路板的功能。

(2) 画 C 点波形时，应与 A、B 点的相位对准，并且注意 C 点波形基准线的位置。

第 5 章 SMT 及其应用

5.1 电子工艺现状及展望

随着信息化社会的迅猛发展，电子信息技术的不断升级，电子信息产品趋向于微型化、标准化、密度化、精度化，而对于应用型本科院校电子类教学无疑既是机遇又是挑战，而集高密度、高可靠性等特点于一体的 SMT 则成为电子工艺实训教学的突破口之一，也给电子工艺实训教学提供了新课题。如何在电子工艺实训中引入 SMT？这样一个新的课题是本章要探索与研究的内容。本章将结合社会发展的现状、电子行业的发展，融合本科四年的专业学习以及初入社会的学习经验，从而对电子工艺实训中 SMT 教学进行系统化的探索与研究。

5.1.1 电子工艺实训的教学现状

电子工艺实训在理工科院校电子类专业实践教学过程中扮演着一个非常重要的角色，是一门具有很强工艺性、实践性的基础课程。同时它也是当代大学生提高自身工程实践能力和创新能力的重要途径之一。电子工艺实训课程具有内容丰富、实践性极强等鲜明特点，实际的电子产品的生产工艺是其实训的基础。电子工艺实训是高等院校培养电子信息类专业复合型人才的一个重要途径，可以提高学生的动手能力，培养出具有较高工程素质的人才。

电子工艺实训课程的主要实践任务是培养学生在电子线路的工程设计方面以及实际操作中的基本能力，让学生在高校学习期间就熟悉相关电子元器件，了解电子工艺的常规知识，掌握最基本的装焊操作技能，认知电子信息类产品的生产过程，既方便日后在专业的实验、课程的设计等方面有所进步，又使得学生解决实际问题的能力得以提高，从而培养学生自我创新意识和严谨的工作作风。

目前高校在理工科类专业教学过程中已经越来越注重电子工艺实训的教学，各类高等院校也都在不断发展新兴的电子类实训中心，因此一大批先进的生产制造仪器设备被不断引进实训室，科学先进、高大尖端、创新创意已经渐渐成为这些实训中心的代名词。随着电子信息应用领域的发展革新，各行各业需要的人才不仅仅是掌握本专业相关知识，还要掌握一些实际操作技能。经过几年发展，各类实训中心的硬件设施虽然各有特色，但是配套进行的教学改革、运行机制的构建、建设者的思路却是相似的，重点都放在"理论结合实践"、"创新性实践训练"等一些较为普遍的教学改革上。这些对学生在本专业的基础训练与技能培养方面固然都有着巨大的促进作用，但由于高校教学条件的限制，在课程设置、教材选用、教学方式方法等方面均还存在滞后于社会经济技术发展的情况，并都有或多或少的局限性。例如当今高等院校里电子工艺实训的焊接部分主要还是针对分立元器件，很少涉及 SMT 表面贴装元器件的焊接，这与社会发展严重脱节。

随着电子信息技术应用领域的不断升级革新，学生不但需要掌握自己本专业的相关知识，还需要顺应企业发展，所学内容必须贴近企业生产实际。因此新的设备、新的工艺、新的方法尤为重要，着眼于社会发展现状，学生应具备分析问题和解决问题的基本能力，特别是就业后解决实践工程过程中的一些实际问题的能力。

5.1.2　SMT 简介

Surface Mounted Technology 的英文缩写即是 SMT，SMT 是表面贴装技术的简称，其在当今的电子信息技术组装行业里，可谓是一门相当热门流行的重要技术和工艺。在电子信息制造业蓬勃发展的今天，SMT 遍布社会各行各业，它是一种将传统的分立式电子元器件有效地压缩成体积甚小的一种无引线或短引线片状器件的技术。SMT 的蓬勃发展和快速普及，在某种意义上革新了我们一直以来对传统类型的电子电路组装的概念，为现代电子信息类产品的小型化、轻便化创造了一个最基础的条件，同样成为现代电子信息类产品制造过程中不可或缺的重要技能之一。通过 SMT 贴装出来的相关电子信息类产品，其密度较传统的高出很多，体积也变得更小，可靠程度反而更高，抗震能力也不断增强，高频特性更好。除此之外，这类产品焊点相当精密，缺陷程度也相对较低。在运用 SMT 进行制造生产的过程中，其贴片所用到的元器件的质量和体积都很小，大概都只是传统制作过程中用的插装式元器件质量和体积的十分之一。在运用 SMT 制造生产时，整个过程制造生产出来的电子信息类产品的体积整体缩小为原来的 40%～60%，重量也减轻了 60%～80%。同时运用 SMT 制造生产时更易于实现电子信息类产品的自动化功能，易于提高先进的电子信息类制造业的生产效率。除此之外，其成本也大大降低，最低低到原来成本的 30%～50%，可谓是节约了能源、原材料、仪器设备、时间精力等。

5.1.3　SMT 的发展趋势

在经济迅猛发展的今天，电子产品的制造业不断扩大升级，带动了电子行业的蓬勃发展，逐渐成为国民经济的支柱产业。我国电子信息类产品制造业的增长速度每年都达 20% 以上，规模也不断扩大，在 2004 年之后，连续三年均居世界第二位。在中国电子信息产业蓬勃发展的大力推动下，最为显著的 SMT 和 SMT 生产制造产线也都得到了飞速的发展，其应用广泛，已深入每个角落。SMT 的制造生产线中最为重要的仪器设备(SMT 贴片机)在我国的占有率也已经名列世界前列。

企业和社会对高等院校毕业生相关的专业技能要求愈来愈高。SMT 是未来电子发展领域里必需和最基础的技术，同时也是更能适应电子产品消费市场快速变化的巨大需求的技术。

5.1.4　本章主要内容

本章结合本科四年的电子类学习知识、实验实践、社会发展趋势，对电子工艺实训中 SMT 教学建设进行探索与分析。本章旨在引入 SMT 先进的技术到电子工艺实训教学中，促进优质实践教学的资源整合、资源优化更新、资源共享的需求，有力地提升实验和实训的整体水平，从而适应 SMT 高速发展和快速普及的形势，解决相关电子信息专业技术人才的缺乏对其发展的制约作用，形成应用型本科专业培养特色。

通过调研、探索、分析基于电子工艺实训的 SMT 教学建设的必要性，同时剖析了我们对电子工艺实训教学系统和施行方法的研究，在实践教学过程中贯穿模块化和层次化的教育教学理念，引入当代社会中流行的电子工艺 SMT，辅之以理论教学，进一步完善电子工艺实训的考查考核机制。围绕"面向多专业"这一核心，实行"模块化的实践教学体系"，做好"社会人才培训服务"，从而通过实践调研等对电子工艺实训的发展和创新模式研究进行探讨与分析，主要思路如下：

(1) 通过企业调研、专家走访、电子类毕业生问卷调查等方式分析电子行业就业现状，以及 SMT 在电子发展行业的趋势与前景。

(2) 通过分析了解目前高校电子工艺实训的教学建设情况。

(3) 通过实验实践了解 SMT 生产的具体流程与可行性操作。

(4) 通过实验探索分析出基于电子工艺实训的 SMT 实践教学建设思路。设想将现有的电子工艺实训和电子设计软件应用训练、课程设计等相结合，构成一套顺应当代电子信息技术经济发展的高校电子信息专业的实训室建设方案、实训课程设计方案以及实训指导书。

(5) 构建一个系统的实践教学环节，从而能够兼顾教学与生产，"基于工作过程导向"建成教、学、做一体化电子工艺实训基地。

(6) 通过实验实践试点教学，检验电子工艺实训中 SMT 教学取得的重要成果。

5.2　电子工艺实训中 SMT 的重要性分析

5.2.1　SMT 的应用领域及电子行业发展现状

电子信息类产品的小型化、轻便化以及集成化是现代电子信息技术革命的主要标志，亦是未来发展的基本方向。突飞猛进的高性能、高可靠、高集成、小型化、轻量化的电子信息产品，正在不断影响我们的生活历程，同时促进人类文明的进程，而这一切都将促使电子元器件组装工艺的革新。SMT 是实现电子信息类产品微型化和集成化的关键，是当前电子产品组装行业里最热门的一种核心技术和重要工艺。SMT 在计算机、通讯设备等几乎所有的电子信息类产品生产中都得到了较为广泛的运用。在日益追求高密度、高精度、高性能电子产品的今天，SMT 无疑在不断作出巨大的贡献，先进的电子产品均早已普遍采用 SMT，不仅如此，SMT 的应用领域不断扩大，已经深入各行各业。从我国SMD器件、传统器件产量(见表 5.2.1)就已经很容易地看出，SMT 的发展在行业里的影响正在无尽的扩张，随着时间的推移，SMT 将愈来愈普遍，电子行业的发展也将不断深化升级。

表 5.2.1　2014 年我国电子元器件产品产销指标表

指标名称	计算单位	生 产 量		销 售 量	
		累计	增减比	累计	增减比
SMD 器件	亿只	3015.4	53.4%	2901	57.9%
分立式器件	亿只	2326.2	−23.8%	2132.8	−30%

5.2.2 SMT 的调研分析结论

为更加深入地了解目前电子类毕业生的就业状况，以及更真实、更具体地分析电子类企业的人才需求情况等，可通过走访相关电子信息类企业来了解(如艾尼克斯电子(苏州)有限公司、达富电脑(常熟)有限公司等)。本次共走访 21 家常熟地区电子类企业，针对这 21 家电子制造企业现阶段在生产电子产品过程中焊接组装技术的详细情况了解到，电子信息类产品主要分三个级别：普通类电子产品、专用服务类电子产品、高性能电子产品。在这些电子产品制造过程中主要运用两类元器件焊接技术，一种是通过 SMT 表面贴装技术贴装元器件，另一种是通过手插件波峰焊技术焊接元器件。绝大部分电子制造型企业采用 SMT 与手插件波峰焊技术相结合的生产工艺。换言之，SMT 在绝大部分的电子产品中均有应用。具体分析结果如表 5.2.2 所示。

表 5.2.2　样本电子企业中 SMT 与手插件波峰焊技术的比例分布

样本数	仅 SMT	仅手插件波峰焊技术	SMT 与手插件波峰焊技术两者结合
21	1	1	19
比例	4.76%	4.76%	90.48%

总的来说，几乎所有电子制造型企业已普及 SMT，SMT 在电子制造业已经扮演了一个无可替代的角色。从电子专业的毕业生就业情况来看，绝大部分从事电子行业工作的同学在工作前对 SMT 的了解甚少(见表 5.2.3)，而由于工作需要，工作后对 SMT 的了解十分深入。同时绝大部分被调查者认为大学期间引入 SMT 很有必要，也很有用途，普遍认为在校期间的实践教学对工作后的上手速度有着不可忽视的影响。经过走访调查得出一个分析结果：电子工艺实训中引入 SMT 教学是很有必要的。

表 5.2.3　电子专业毕业生对 SMT 的了解状况问卷调查有效分析表

有效样本数 58	工 作 前			工 作 后		
人数	17	1	0	58	58	48
比例	29.31%	1.72%	0	100%	100%	82.76%
对 SMT 了解程度	知道	熟悉	精通	知道	熟悉	精通

5.3　SMT 实训基本要素

5.3.1　指导思想

SMT 是将过于繁琐的工艺过程简单、便捷化，高端的设备表面化，使学生在极短的时间里掌握 SMT 最基本的工业化操作，使学生适应企业的发展需求，在学校学习期间掌握 SMT 的基本操作过程，并亲自动手去实践，完成具有代表性的实用电子小产品的制作(例如微型 FM 电调谐收音机)。

5.3.2　SMT 实验产品

本次 SMT 实验产品采用的是微型 FM(电调谐)收音机。

1. 产品特点

微型 FM(电调谐)收音机选用了电调谐的单片机作为 FM 收音机的主要集成电路,调谐便利、准确。它的接收频率为 87~108 MHz,显然接收的灵敏度很高,同时它还有着小巧的外观,随身携带轻松方便,电源电压范围为 1.8~3.5 V,充电电池(1.2 V)和一次性电池(1.5 V)都可以使微型 FM(电调谐)收音机正常工作。微型 FM(电调谐)收音机内部装有静噪电路结构,抑制了调谐过程当中可能产生的噪音,它结合 SMT 贴片和 THT 插件工序,既不丢传统工艺模式,又引入了 SMT 的创新技术。它是一个电子工艺实训中实训产品的首选。

2. 产品工作原理

微型 FM(电调谐)收音机以单片机收音机集成电路 SC1088 作为其核心的电路。它选用的是一种特别的低中频(70 kHz)技术,在外围电路中,中频变压器和陶瓷滤波器也都被省略了,其电路简化单一、方便可靠、调试便利。微型 FM(电调谐)收音机的核心集成电路 SC1088 采用的封装是 SOT16,表 5.3.1 是 SC1088 的引脚功能,图 5.3.1 是收音机电路原理图,图 5.3.2 是收音机装置图。

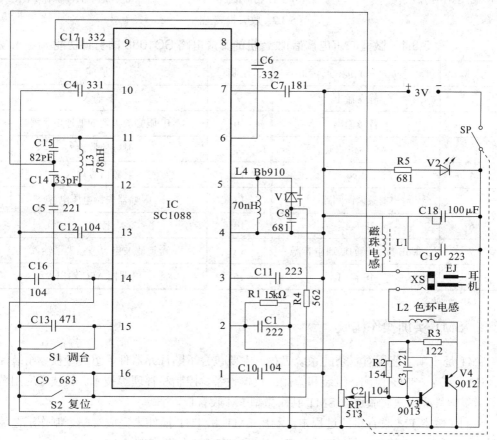

图 5.3.1　收音机的原理图

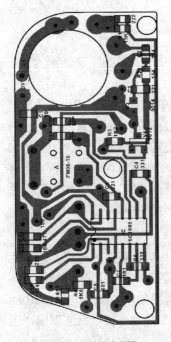　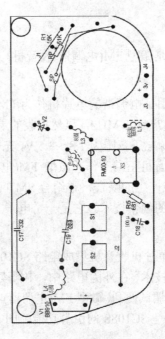　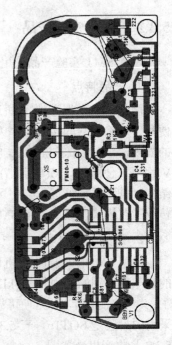

(a) SMT 贴片安装图　　　　　(b) THT 插件安装图　　　　　(c) SMT、THT 综合安装图

图 5.3.2　收音机装置图

表 5.3.1　微型 FM(电调谐)收音机的集成电路 SC1088 的引脚功能

引　脚	功　能	引　脚	功　能
1	静噪输出	9	IF 输入
2	音频输出	10	IF 限幅放大器的低通电容器
3	AF 环路滤波	11	射频信号输入
4	Vcc	12	射频信号输入
5	本振调谐回路	13	限幅器失调电压电容
6	IF 反馈	14	接地
7	1 dB 放大器的低通电容器	15	全通滤波电容搜索调谐输入
8	IF 输出	16	电调幅 AFC 输出

5.3.3　SMT 实训操作构成

　　SMT 是一项工艺相对复杂的系统工程，主要包含了贴片元器件、组装基板、组装原材料、SMT 组装、SMT 检测、组装和检测的仪器设备、控制和管理等技术。其技术应用范畴涉及诸多学科，本次实验通过 SMT 制作微型 FM 收音机。

　　在制作微型 FM 收音机的过程中，利用 SMT 和 THT 插件来完成，整个制作工艺流程如图 5.3.3 所示，实验实践操作如图 5.3.4 所示，实验成品图如图 5.3.5 所示。

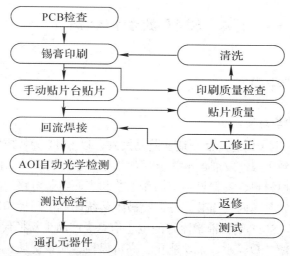

图 5.3.3 实验制作工艺流程图

(a) 锡膏印刷机

(b) SPI 自动光学检测仪

(c) 手动贴片台贴片

(d) 过回流炉回流焊接

图 5.3.4 实验仪器及操作

(a) 贴片成品

(b) THT 成品

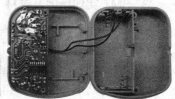

(c) 实验成品

图 5.3.5 实验成品图

5.4 SMT 教学模块简介

5.4.1 SMT 实训教学内容

1. SMT 实训目的与意义

自 21 世纪以来，电子信息产品制造业蓬勃发展，以 SMT 为标志的微型化、精密智能化的电子组装技术得到了快速发展，相关企业对专业人才技能的需求也不断调整。SMT 是一门包含了元器件、原材料、仪器设备、操作工艺和表面组装电路的基板设计与制造的系统性的综合性技术，它是第四代组装方法，突破了传统印制电路板印制过程采用的通孔基板插装元器件的方式。SMT 是目前最流行的电子信息类产品更新换代的新概念，也是实现电子信息类产品轻、薄、短、小、多功能化、高可靠性、质量优质、成本低下的重要手段之一。SMT 是又一个重要的基础性产业，其追求先进性，强调实用性，保持统一性与多样性。目前电子工艺实训的人才培养模式，在现行的电子信息行业发展体制下已很不适应，对下游应用型制造业的大发展造成了较不利的影响，也会切实造成学生就业、企业招聘人才时的尖锐矛盾。为紧随时代的发展步调，紧密贴近企业生产实际需求，根据电子信息技术经济社会的不断发展，面向基层群众，培养出具备现代化科技与管理知识的应用型工程技术人才，通过 SMT 的理论学习到技术应用实践的学习，学生职业能力和职业素质可得到很好的培养，以适应企业岗位的要求。

2. SMT 的主要内容

SMT 工艺实训环节中主要包括元器件、基板、材料、工艺方法、设计、测试等内容，如图 5.4.1 所示。

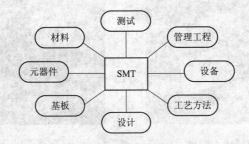

图 5.4.1　SMT 的基本组成部分

3. SMT 实训场地及器材

本次实训以常熟理工学院实训中心为主要实训场地。本次实训主要器材如下：

(1) 焊膏印刷机(全班共用)。

(2) SPI 自动光学检测仪(全班共用)。

(3) 手动贴片台(两人一组，分批使用)。

(4) 点胶机(两人一组共同使用)。

(5) 回流炉。

(6) 检测仪器(如万用表等)。

(7) 放大镜台灯(两人一组共同使用)。

(8) 元件盘、镊子等。

(9) 防静电手套。

(10) 实训产品(建议以 FM(电调谐)收音机为主要实训产品)。

4. SMT 实训工艺流程

SMT 工艺流程如图 5.4.2 所示。

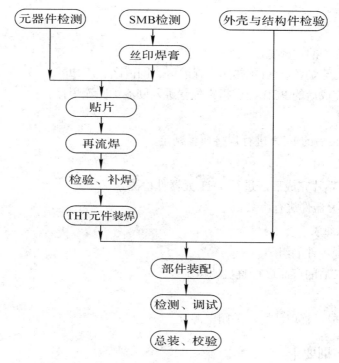

图 5.4.2　SMT 实训工艺流程图

5. SMT 实训操作步骤

1) 元器件清点检查

(1) 检查印制板是否完整。

(2) 检查结构件的品种、规格、数量。

(3) 检测 THT 组件是否有损坏。

2) 焊膏印刷

(1) 选用正确的刮刀、锡膏。

(2) 检查印刷丝网是否正确。

(3) 检查丝网印刷机工作是否正常。

(4) 正常焊膏印刷。

3) SPI 自动光学检测

(1) 打开自动光学检测仪。

(2) 调好检测程序。

(3) 将焊膏印刷后的 PCB 传送到自动光学检测仪中进行锡膏检测。

4) 手动贴片台贴片

(1) 将焊膏印刷后的 PCB 安装到工装上。

(2) 将贴片元器件送至指定位置。

(3) 设定贴片位置。

(4) 正确贴片。

(5) 完成贴片。

5) 回流焊接

(1) 调整回流炉的进板宽度。

(2) 设定好回流炉各温区(预热区、保温区、回流区、冷却区)。

(3) 将贴片完成后的 PCB 送至指定位置进入回流炉回流焊接。

6) AOI 检测

针对回流焊接后的 PCB 进行焊接质量判定。

7) THT 组装

(1) 在 SMT 贴片完成后,进行 THT 元器件检测。

(2) 对 THT 元器件进行组装。

8) 整机调试组装

(1) 完成其他零件的组装。

(2) 针对组装后的产品进行整机调试。

9) 完成实验

至此实验完成,整理现场,关闭电源。

5.4.2　SMT 实训要求

SMT 实训要求如下:

(1) 掌握 SMT 元器件的分类与认知。

(2) 了解 SMT 的特点。

(3) 掌握 SMT 印制板设计与制作技术。

(4) 学习 SMT 实训工艺流程,掌握 SMT 的基本工艺过程。

(5) 掌握 SMT 中最基本的操作技能。

(6) 掌握电子产品的电子电路系统的原理,检测调试方法。

(7) 初步学习电子产品的检测调试方法,学会识读产品图纸、电路图等文档。

(8) 学会独立分析和解决实验过程中暴露出的问题。

(9) 从实验目的、原理、步骤、数据分析、实验总结等方面完成规范的实验报告。

5.4.3　SMT 生产要素

SMT 生产要素如下:

(1) 根据 SMT 生产要求进行编程。

（2）SMT 检取的位置：供料器的形式、位置以及元件的封装。

（3）SMT 贴片机对中处理：机械对中、光学对中、飞行对中。

（4）SMT 贴片位置：以 MARK 点为基准点，根据 X、Y、θ、原点坐标进行贴片位置的定位。

（5）SMT 贴片吸嘴：包括吸嘴的型号、位置。

（6）贴片头吸嘴与基板的高度。

（7）基板的平整度、基板的支撑。

（8）贴片准确性：根据 IPC 标准进行。

5.4.4　SMT 实训学时安排

结合本科电子类专业的教学情况，进行实验过程分析。SMT 实训教学相关实训内容以及学时安排如表 5.4.1 所示。

表 5.4.1　SMT 实训内容及学时安排

实训内容	地点	学时数
实训动员、安全教育	电子电工理论实训室	2 学时
SMT 理论知识讲解及防静电知识	电子电工理论实训室	8 学时
电子产品的制作工艺流程简介	SMT 实训室	4 学时
实训产品原理及结构介绍	电子电工理论实训室	6 学时
元器件识别与检测	SMT 实训室	4 学时
SMT 工艺培训	SMT 实训室	8 学时
SMT 设备操作	SMT 实训室	6 学时
根据 SMT 工艺流程完成实训产品(FM 收音机)的 SMT 部分	SMT 实训室	12 学时
完成实习产品的 THT 插件组装部分	电子工艺实训室	6 学时
整机调试与总装	电子工艺实训室	6 学时
验收考核	电子工艺实训室	4 学时
总计		66 学时

5.4.5　SMT 实训模式及考核办法

本章课程主要采用传统的理论教学与实践操作相结合的教学手段，学生完成理论学习、实践操作后，进行实训产品功能调试，并完成实训报告。

本章课程的学生综合成绩由平时出勤成绩、理论考核成绩、实践操作成绩、实训产品调试考核成绩四部分组成。其中，平时出勤成绩占总成绩的 10%，理论考核成绩占总成绩的 20%，实践操作成绩占总成绩的 50%，实训产品调试考核成绩占总成绩的 20%。

整机实物考核参考国家电子装配工中级考核标准进行。

参 考 文 献

[1]   何兆湘，卢钢. 电子技术实训教程[M]. 武汉：华中科技大学出版社，2015.

[2]   席巍编. 电子电路 CAD 技术[M]. 北京：科学出版社，2008.

[3]   王辅春. 电子电路 CAD 软件使用指南[M]. 北京：机械工业出版社，1998.

[4]   郭志雄. 电子工艺技术与实践[M]. 北京：机械工业出版社，2016.

[5]   舒英利，温长泽. 电子工艺与电子产品制作[M]. 北京：中国水利水电出版社，2015.

[6]   毕亚军，崔瑞雪. 电子工艺与课程设计[M]. 北京：电子工业出版社，2012.

[7]   毕满清. 电子工艺实习教程[M]. 北京：国防工业出版社，2009.

[8]   孙惠康. 电子工艺实训教程[M]. 北京：机械工业出版社，2001.

[9]   韩国栋. 电子工艺技术基础与实训[M]. 北京：国防工业出版社，2011.

[10]   张波，许力，刘岩恺. 电子工艺学教程[M]. 北京：清华大学出版社，2012.